庭院造景施工手册

# 水景工程

王晓艳————主编

江苏凤凰科学技术出版社·南京

**图书在版编目（CIP）数据**

水景工程 / 王晓艳主编 . -- 南京 ：江苏凤凰科学
技术出版社 ，2024.7. --（庭院造景施工手册 / 汤留
泉等主编）. -- ISBN 978-7-5713-4471-9

Ⅰ . TU986.4

中国国家版本馆 CIP 数据核字第 2024B5Q484 号

庭院造景施工手册
水景工程

| | | |
|---|---|---|
| 主　　　　编 | 王晓艳 | |
| 项 目 策 划 | 凤凰空间／杜玉华 | |
| 责 任 编 辑 | 赵　研　刘屹立 | |
| 特 约 编 辑 | 曲苗苗 | |

| | |
|---|---|
| 出 版 发 行 | 江苏凤凰科学技术出版社 |
| 出版社地址 | 南京市湖南路 1 号 A 楼，邮编：210009 |
| 出版社网址 | http://www.pspress.cn |
| 总 经 销 | 天津凤凰空间文化传媒有限公司 |
| 总经销网址 | http://www.ifengspace.cn |
| 印　　　刷 | 雅迪云印（天津）科技有限公司 |

| | |
|---|---|
| 开　　　本 | 787 mm×1 092 mm　1 ／ 16 |
| 印　　　张 | 10 |
| 字　　　数 | 160 000 |
| 版　　　次 | 2024 年 7 月第 1 版 |
| 印　　　次 | 2024 年 7 月第 1 次印刷 |

| | |
|---|---|
| 标 准 书 号 | ISBN　978-7-5713-4471-9 |
| 定　　　价 | 78.00 元 |

# 前言

跟随着自己的心灵，我们将想象中的庭院加以描述，通过文字、符号、图纸，或者利用现代计算机软件使之视觉化后，接下来，就是将这一景象在现实空间中用各种材料进行围合、建造，使这种想象成为能够容纳我们身体和行为的具体空间，让我们的身心能够在这个空间中获得体验。这个阶段的工作称为"造园"，涉及基础工程与景观小品、花境绿化、石艺造景、水景工程四个方面，涵盖各种庭院设计与施工知识。

本书重点围绕庭院中的水景工程展开，为设计师与施工人员提供依据与解决之道。由于水景工程是庭院中的观赏主体，是室外空间的景观特色，设计与施工技术复杂，因此需要投入大量的人力物力。

水景工程从设计上来看，强调给水布置、排水疏导、防水围护三大概念，指出水景造型与寓意的深层构想，需要将水景工程中的材料与工艺强化突出，将与水有关的构造融合起来，形成全新的庭院空间。

水景工程从施工上来看，要融合建筑材料与装饰材料，把常规的砖石材料与先进的防水材料结合起来，搭配给水排水管道与电动、电子设备。在微缩水景施工方法的同时，还要注入丰富的细节构造，保证水景的安全与美观。

做好庭院水景的设计与施工，结合本书知识点，应当从以下几个方面入手：

（1）厘清给水排水的设计原理。由管道材料入手，了解多种水管与配件的功能、特性，正确识别材料品质；学习安装方法，保障水路畅通和严密；水电设施要预先规划，保障使用功能完备。

（2）正确识别多种防水材料，从卷材到涂料都能应用自如。根据不同的池塘选用不同的防水材料，并能将各不相同的防水材料合理运用到不同层次的水景中；熟悉新型防水材料的性能，厘清防水材料之间互为补充的逻辑关系，结合不同材料的优势进行组合运用，避免因使用单一防水材料而造成缺陷。

（3）根据山石形体制作水景。在水中设计假山与动态水流造型，严格把控施工顺序，从基础层开始思考山石构造的稳固性，逐步分级施工；对于较高的山石构造物，要从基础层开始，由简单施工向烦琐施工过渡，不能急于求成，不能随意简化中间构造层。

（4）熟悉成品件品种。对庭院水景工程中常用的成品件进行市场考察，了解网店与实体店的产品信息，合理选用用于水景建造的成品件，尤其是水泵、灯具、石雕饰品等成品件，需要提前购置，以免影响施工效率。

庭院水景是人与自然对话的媒介，是人在户外活动的重要设施。通过水景的设计，能让大自然启迪人的心灵，并给这个世界带来更多丰富、灿烂、和谐的事物。

王晓艳

2023 年 10 月

# 目录

## 1 水景基础知识

# 2 庭院水景设计

# 3 岸坡设计

# 4 水体植物景观

# 5 水景构造设施

# 1

# 水景基础知识

**庭院水景**

▲ 水景池塘的平整界面，与山石、植被地面的凹凸感、蓬松感形成质感上的对比，让人感到平静祥和。水岸交接处是山石、植被所在的区域，丰富了庭院的视觉效果。

## 本章导读

　　无论是小溪、河流、湖泊还是大海，都给人一种天然的吸引力。我们周围的水景无不带给我们一种自然的恬静。中外造园，用水点缀环境的手法已久，从古至今，水体都是造园不可或缺的因素，水已成为庭园造景中的点睛之笔。水景工程是水体造园相关工程的总称。自然风景中的江湖、溪涧、瀑布等，具有不同的形式和特点，这是庭院理水手法的来源。古代匠师长期效仿自然，叠山理水，创造出自然式的风景园林，对自然山水的概括、提炼和再现积累了丰富的经验。掘地开池不但有利于园内排蓄雨水，产生一定的调节气温、湿度和净化空气的作用，而且为园中浇灌花木和防火提供了水源，因此，水景成了庭院设计中常有的内容。

# 1.1 水景基础

水体景观以水为主，庭院周围要有水相伴，依海、靠湖、临河或人工造水都属于水景的概念。在庭院设计中，以水池为中心，辅以溪涧、水谷、瀑布等，配合山石、花木、亭阁形成各种不同的景色，这是一种传统的水景布置手法。造园者以明净的水面塑造园中广阔的空间，呈现清澈、幽静、开阔的氛围，再与幽曲的庭院和小景区形成稀疏与密集、开阔与封闭的对比，展示了分外优美的景色。水池周边的山石亭榭、桥梁花木、天光云影和水池中的碧波游鱼、荷花睡莲等景色都能为园林增添生气。因此，环绕水池布置景物和观赏点位，成为庭院中最常见的布局方式。较大的庭院中，水流往往迂回盘曲，形成许多富有特色的小景观。

中式庭院中的水景注重山石的融入，让水与石相互结合，模拟出自然瀑布、河流、湖泊洋等微缩场景，将大自然的景观融入庭院，人们足不出户即可观赏大好河山。

中式庭院中的水景

西式庭院中游泳池的设计不仅能实现游泳健身的使用功能，同时还能呈现与庭院地面质感的对比。游泳池与建筑关联紧密，造型方正，占地面积大。池体较深，需要水质净化与维护。

西式庭院中的游泳池

庭院中的池面布置宜有聚有分，聚分得体，主次分明。聚则水面辽阔，虽人工开凿，但宛若自然，池岸廊榭较为低矮，给人以开阔明朗的印象；分则迂回环抱，似断似续，山石花木与屋宇互相掩映，构成幽曲的景色，水面被池中的山石及房屋、曲桥、竹丛、树木等划分为几部分，水面流通环回，空间层次重叠，达到景物深远不尽的效果。不过聚分之间，须依园之大小斟酌处理，大园虽可多分，但宜留出较宽阔的水面使园内主次分明。

水是环境空间艺术创作的一个重要元素，可以构成多种格局的园林景观，艺术性地再现自然。充分利用水的流动、多变、渗透、聚散、蒸发等特性，以水造景，动静相补，虚实相映，丰富层次，使得水后的古树、亭榭、山石形影相依，产生特殊的艺术魅力。水池、涧溪、河湖、瀑布、喷泉等水体形式往往静中有动，寂中有声，以少胜多，发人联想。

溪流河道　　　　　　　　　　　　　　　　　　　　跌水瀑布

　　在庭院中制作微缩溪流河道，营造出大自然的生态美。采用山石砌筑溪流驳岸，与庭院角落的山石景观融为一体，贯穿整个庭院。

　　堆叠山石，形成高低错落的造型，让水从高处落下，形成局部水瀑、水花，营造具有动态效果的庭院景观。

　　水岸住宅一般指建于自然水面沿岸的住宅建筑。借助自然地理位置的优势，将观景住宅与自然水景相结合，形成具有独特景观效果的居住环境。

水岸住宅

水景住宅

亲水住宅

水景住宅在庭院的开发与设计中注重住宅建筑和水的关系，充分利用自然水景或规划建设的人工水景来提升住宅品质。

亲水住宅可以让人亲近或接触自然水景，利用亲水条件进行娱乐活动，同时兼顾安全的设计原则，为居民创造更加方便与水亲近的环境。

水景设计应结合当地气候、地形及水源条件。我国南方干热地区的住宅应尽可能打造亲水环境；北方地区的住宅在设计水景时，还必须考虑冬季结冰时的枯水景观。

游泳池可提供良好的亲水体验感，游泳池旁可设置休闲平台，摆放桌椅家具。游泳池内外均设计灯光，让池面形成梦幻的光影交织效果。此类设计方法多用于南方地区。

浅水池景观

浅水池设计不仅能形成建筑漂浮的视觉效果，还能呈现丰富的倒影，为庭院与建筑增添装饰色彩。浅水池面积较大，用水量较多，要注意水分蒸发问题。此类设计方法多用于南方地区。

游泳池

小型观赏池

位于庭院中央的小型观赏池储水量少，池体较浅，可随时排水清理。在枯水或干燥季节可保持空池状态，仍具有装饰效果。此类设计方法多用于北方地区。

喷泉池

北方地区的喷泉池设计较浅，池底需铺设砖石材料，池壁材料设计丰富。在枯水季节可将水排干，裸露池底与池壁，仍能形成良好的观赏效果。

将游泳池设计在庭院边缘，地势较高，池面倒影为天空或远景，将远处绿植、天空融入庭院景观中来，形成开阔的视野。

# 1.1.1　自然水景

　　自然水景与海、河、江、湖、溪相关联，这类水景设计必须服从原有自然生态景观。设计中应注重自然水景与局部环境水体的空间关系，正确利用借景、对景等手法，在充分发挥自然环境优势的条件下，形成的纵向景观、横向景观和鸟瞰景观应能与居住区内部与外部的景观元素相融合，最终创造出新的亲水居住形态。

边缘游泳池

临河景观

庭院外部是河流，庭院中的游泳池与河流相呼应，形成对景设计。

住宅建筑位于湖泊旁，小型游泳池与湖面对应，在庭院中将自然景观尽收眼底。

临湖景观

## 自然水景的构成元素

| 景观元素 | 设计内容 |
| --- | --- |
| 水体 | 水体流向、水体色彩、水体倒影 |
| 沿水驳岸 | 沿水道路、沿岸建筑、沙滩、雕石 |
| 水上跨越结构 | 桥梁、索道 |
| 水边山体树木（远景） | 山岳、丘陵、峭壁、林木 |
| 水生动植物（近景） | 水面浮生植物、水下植物、鱼鸟 |
| 水面光线 | 光线折射和漫射、水雾、云彩 |

# 1.1.2　庭院水景

庭院水景通常以人工水景居多。根据庭院空间的不同，可采取多种手法进行引水造景，比如叠水、溪流、瀑布、涉水池等。场地中若有自然水体的景观，要将其保留利用，进行综合设计，使自然水景与人工水景融为一体。庭院水景设计要借助水呈现出动态效果，营造出充满活力的居住氛围。水景效果由水体形态的变化而来，不同的水体形态可展现不同的水景效果。

山石水景

塑造山石景观，让水从山石上部向下流淌至水池中，形成自然的动态效果。在水池中栽植水生植物，使静态的植物与动态的流水形成对比。

壁泉

在庭院墙壁中安装水管，凿出水孔，形成规则、统一的流水造型，呈现有秩序的美感。

**各种水景效果的特点**

| 水体形态 | | 水景效果 | | | |
| --- | --- | --- | --- | --- | --- |
| | | 视觉 | 声响 | 飞溅 | 风中稳定性 |
| 静水 | 表面无干扰反射体（镜面水） | 好 | 无 | 无 | 极好 |
| | 表面有干扰反射体（波纹） | 好 | 无 | 无 | 极好 |
| | 表面有干扰反射体（鱼鳞波） | 中等 | 无 | 无 | 极好 |
| 落水 | 水流速度快的水幕水堰 | 好 | 高 | 较大 | 好 |
| | 水流速度慢的水幕水堰 | 中等 | 低 | 中等 | 尚可 |
| | 间断流水的水幕水堰 | 好 | 中等 | 较大 | 好 |
| | 动力喷涌、喷射水流 | 好 | 中等 | 较大 | 好 |
| 流淌 | 低流速平滑水墙 | 中等 | 小 | 无 | 极好 |
| | 中流速有纹路的水墙 | 极好 | 中等 | 中等 | 好 |
| | 低流速水溪、浅池 | 中等 | 无 | 无 | 极好 |
| | 高流速水溪、浅池 | 好 | 中等 | 无 | 极好 |
| 跌水 | 垂直方向瀑布跌水 | 好 | 中等 | 较大 | 极好 |
| | 不规则台阶状瀑布跌水 | 极好 | 中等 | 中等 | 好 |
| | 规则台阶状瀑布跌水 | 极好 | 中等 | 中等 | 好 |
| | 台阶水池 | 好 | 中等 | 中等 | 极好 |
| 喷涌 | 水柱 | 好 | 中等 | 较大 | 尚可 |
| | 水雾 | 好 | 小 | 小 | 差 |
| | 水幕 | 好 | 小 | 小 | 差 |

## 1.2 水景类型

水景类型丰富，可以根据庭院面积与风格来选择，下面介绍几种常见的水景类型。

# 1.2.1 动静

## 1. 流水

流水有急缓、深浅之分，也有流量、流速、幅度大小之分。不同的水流形态，会形成不同的景观效果。

## 2. 落水

通过制作蓄水池或利用庭院地势高差，可形成庭院落水造型。水由高处向下落有线落、布落、挂落、条落、多级跌落、层落、片落、云雨雾落、壁落等形式，可以悠然轻柔，也可以奔腾澎湃。

游泳池流水

假山石落水

游泳池原本是静态水面，为了提升观赏效果，安装水泵后可形成低矮的喷泉水柱，从浅水区出水，推进到深水区，让整个游泳池水面形成波浪般的动态效果。

假山石能实现高低落差，将水管从地面延伸至山石构筑物顶部，水流从上到下，形成多级山石叠加落水的动态效果。

浅水池主要表现为静水效果，池底铺设蓝色锦砖，在灯光照射下，显色性较佳，与天空呼应。

## 3. 静水

静水平和宁静，清澈见底，主要表现为：

（1）色，包括青色、白色、绿色、蓝色、黄色等。

（2）波，包括平面波、圆形波、滑水波等。

（3）影，包括倒影、反射、逆光、投影等。

庭院浅水池

# ④ 压力水景

压力水景表现为喷泉、涌泉、溢泉、间歇水等。压力水景具有动态美，可以带来欢乐的氛围，犹如喷珠吐玉，千姿百态。

涌泉

喷泉

在地面安装管道，出水口向斜上方布置，通过加压泵让水从地面水管中涌出。调适角度与压力，水流便能形成柱状的喷涌装饰效果，并注入水池中。

喷泉需要在水池底部安装管道，通过水泵将水池中的水吸入管道，再向外喷射，形成观赏性水柱。喷泉姿态丰富，具有较强的美感，需要预先安装水电管线。

## ✔ 小贴士

# 小规模水景

小规模的水面或点式水景，在环境中起着点缀作用，构成空间中的视觉焦点，从而起到引导作用。其布置形式较为灵活，并且这样的水景与大面积的水面不同，更易与人直接产生互动，不仅增强了景观的参与性和趣味性，还满足了人们的亲水心理。

在面积较小的浅水池中建造汀步，不仅具有通行功能，还能让人与水建立起互动关系。

从墙壁管道中流出的水落到小型蓄水池中，溅起的水花不仅起到装饰效果，其水声还让庭院氛围富有生气。

汀步水景

壁泉水景

# 1.2.2　形态

　　水景的表现形态多种多样，带给人的感受也各有不同。庭院水体的大小宽窄、长短曲直，以及水景要素的不同组合方式都会带来不同的观景效果。

##  开阔的水景

　　开阔水景的水域辽阔坦荡，仿佛无边无际。水景空间开朗、宽敞，极目远望，天连着水，水连着天，天水一色，一派空明。这一类水景主要指江、海、湖泊，若将景观建在这样的地带，就可以向辽阔的水面借景。

湖边庭院

　　庭院位于视野开阔的湖边，庭院所处的地面为坡地，选择局部平整的地面铺设砖石材料，其余坡地栽植草坪，并搭配少量地被植物与灌木。注意不要在湖景视野范围内种植高大的乔木，以免遮挡湖面景色。

##  闭合的水景

　　闭合水景的水面面积不大，水域周围有建筑或树木，空间闭合度较大。由于空间闭合，排除了周围环境对水域的影响，因此，这类水体常会体现平静、亲切、柔和的氛围。一般庭院的水景池、观鱼池、休闲泳池等水体都具有这种闭合的水景效果。

　　庭院面积较小，几乎被游泳池占据，周边的建筑、绿植与围墙形成闭合空间，让人的视线集中在游泳池水面上。游泳池内安装灯光，强化色彩饱和度，在夜间进一步提升闭合水景的欣赏价值。

庭院中游泳池

### 3. 幽深的水景

幽深的水景主要为带状水体，比如河、渠、溪、涧等，模拟人穿行在密林、山谷或建筑群中时，风景呈现的纵深感。水景表现出幽远、深邃的特点，周边环境则显得平和、幽静，暗示着空间的流动和延伸。

> 狭长的庭院多处于建筑的边角空间，可在院墙与建筑之间的空隙处设计水景构造。狭长空间的首要功能是通行，因此在浅水池中设计汀步与灯具，能让人在通行的同时体验穿越水景的游览互动感。

狭长庭院浅水池

### 4. 动态的水景

景观水体中湍急的流水、狂泻的瀑布、奔腾的跌水和飞涌的喷泉，都是动态感很强的水景。动态水景给景观带来了活跃的气氛和勃勃的生机。庭院里的小水池、水生植物池和室内景观的浅水池都具有小巧的装饰效果。

庭院中央水池

> 圆形景观喷泉多用于面积较大的庭院中央，在喷泉池中安装喷泉管道、水泵、灯光等设备，喷出的水柱具有较强的装饰效果，可强化庭院设计风格，吸引行人驻足观赏。

# 1.2.3 平面布置

### 1. 规则式水体

规则式水体的平面形状都是由规则的直线岸边和有轨迹可循的曲线岸边围合而成的几何图形水体。根据水体平面设计的特点，规则式水体可以分为方形系列、斜边形系列、圆形系列和混合形系列等。

规则式游泳池

庭院中的游泳池多为规则的矩形，分为浅水区与深水区，平面造型以方正规整居多，符合游泳运动的功能需求。

✔ 小贴士

## 现代水景住区

现代水景住区自 20 世纪 90 年代在欧美开始流行，这股浪潮很快影响到中国。近年来，由于生活节奏的加快、建筑的高度密集、环境的日益污染，城市居民更加渴望能够与纯朴自然、亲切优美的湖光水色近距离接触和朝夕相处。因此，住区水景设计得到了极大的发展。大城市由于地理位置优越、资源丰富、气候适宜、经济发达，为水景设计的建设与发展提供了极其便利的条件，其设计也达到了较高的水平。

## ② 自然式水体

自然式水体主要由自由曲线驳岸和自然山石围合而成，水体形状为不规则造型，并且有多种变异的形状。自然式水体将形态自由的山石组合在一起，形成水流高度差，同时在驳岸边缘塑造不规则造型，水体水线与不规则山石驳岸形成自然多变且曲折丰富的轮廓线。自然式水体主要表现为中式古典庭院景观池，搭配在中式风格庭院中。

中式古典庭院景观池

中式古典庭院的景观池周边形态布局自由，采用自然山石堆砌在岸边并形成护坡，平面轮廓具有随机性，表现出自然生态美。

 **混合式水体**

混合式水体是由规则式和自然式两者相结合的形式，既有规则整齐的部分，又有自然变化的部分。为了与建筑环境相协调，常将水体的岸线设计成局部的直线和直角转折形式，水体形状局部呈规则式；在距离建筑物、围墙边线较远的地方，自由弯曲的岸线不再与环境相冲突，就可以完全按自然式水体来设计了。

折中风格庭院融合东西方设计元素，山石水景为自然式，建筑旁的休闲区则为规则式，两侧形成形态对比，具有丰富的观赏、游览价值。

折中风格庭院景观池

# 水景设计细节

庭院水景设计除了要体现形式感，还要注重功能设计细节，充分考虑可能出现的各种问题并妥善解决好这些问题。

## 1.3.1 安全与循环

设计水景时，安全是首要问题。比如要考虑到儿童在无人照看的情况下是否会来到水景中，所以应选择类似无外露水池的水景。

保障水景功能安全的同时，水景系统中的水要设计为可持续循环利用。尽可能选择非饮用水，许多地方性法规要求观赏喷泉要利用循环水。

潜水泵可安装在水池内水线下，设备为全封闭状态。电源线由水中延伸至岸上再连接电源，具有防腐蚀、防漏电功能，能为水池提供水循环动力。

潜水泵

亲水旱池

在庭院地面设计下沉地台，安装喷泉管道与灯光，具有观赏效果。

漫水池

水池围合体设计低矮，池体设计浅，让水池中的水漫出并流淌到外溢沟中形成循环，打造叠水景观，同时人可以在水池旁轻松触摸水体，具有较强的互动性。

游泳池循环供水

功能全面的游泳池设计有观赏区、浅水区与深水区等多种区域。安装潜水泵后，能将游泳池中地势低的水输送到地势高的区域，营造出叠水、瀑布等观赏景观，提高水资源使用效率。

庭院鱼池需要净化才能保证鱼类健康成长，净化设备的主要功能是过滤，将鱼池中的水抽出净化后再排放到鱼池中，保持水质洁净。

鱼池净化设备

# 1.3.2　蒸发与保温

蒸发是水景水分减少的重要因素，特别是在炎热干旱的气候条件下。位于通风口、浅水池的水体及水体的流动蒸发，这些的失水量是最大的。此外，人们在游泳池中活动或水景展示会提高40%～70%的蒸发量。

冬季在严寒地区，水池中如果无水，则要考虑水池无水的景观效果。通常池底会铺设蓝色马赛克砖石装饰。在略微寒冷的气候下，在加热的水池上方应考虑覆盖保温设施。

减少水分蒸发需要缩小水池面积，同时要注意做好建筑围合，减少空气流通。从节水角度考虑，可以改变水池深度，设计浅水池，水线深度在 50 ～ 100 mm。在水分蒸发较快的季节可以不蓄水，蓝色马赛克砖石仍具有良好的装饰效果。

浅水池蓄水

游泳池顶篷

在游泳池顶部安装玻璃篷,
可减少灰尘落在水面,延长水体
清洁周期,同时能减少水分蒸发。

# 1.3.3　排水与成本控制

　　当水景中的水受到污染后就需要及时排水、更换新水,需要安装排水口与排水管道。为了提高排水效率,排水管直径多为 110 mm 以上,排水口设计在水池底部最低处,可以和潜水泵或循环集水管口处于同一个区域。如果水池蓄水量较小,也可以使用潜水泵抽水,将潜水泵的扬程管接至排水管沟中。

　　水景的设计和安装不但费用很高,而且随着功能、大小、复杂程度、材料选择及场地条件的不同而产生变化。水体若能实现美观、动植物栖息、雨水灌溉、防火管理等多种功能,则其投资比单一展示功能更有价值,维护费也相当昂贵。通常水池要求在运行中进行水处理,以及不断地清洁和维修。长期管理必须慎重考虑,以保障最初设计和安装投入的有效性。

　　游泳池底部排水口应安装格栅罩板,防止异物进入排水管道造成阻塞。面积较大的游泳池排水口会有多个,集中在池底较深的区域,将池水在管道中汇集后再集中排放。水阀安装在排水管道上,具有良好的密封性。

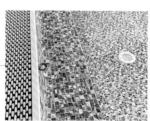

游泳池排水口

景观池抽水

　　景观水池中会铺设防水卷材,不便于安装排水口与排水管道。多在水池底部放置潜水泵,采取向外抽水的方式排水。

## 1.4 防水材料

水景工程要降低使用成本，关键在于防止水泄漏的情况出现，需要采用防水材料来保证水资源的利用率。下面介绍几种常见的防水材料。

# 1.4.1 防水卷材

防水卷材是用于庭院水景工程底部轮廓的可卷曲成卷状的柔性防水材料。其作为水景工程基础与地基之间的无渗漏连接，是整个水景工程的防水屏障。目前市面上防水卷材的产品种类繁多，其中成本低且施工简单的防水卷材主要有丙纶防水卷材与沥青防水卷材两类。

## 丙纶防水卷材

丙纶防水卷材全称为聚乙烯丙纶复合防水卷材，是以原生聚乙烯合成高分子材料加入抗老化剂、稳定剂、助黏剂等，与高强度新型丙纶涤纶长丝无纺布，经过自动化生产线一次复合而成的新型防水卷材。该产品是在充分研究现有防水、防渗类产品的基础上根据现代防水工程及对防水、防渗材料的新要求研制而成的。

丙纶防水卷材上下表面粗糙，无纺布纤维呈无规则交叉结构，形成立体网孔，可以在 -40℃ ~ 60℃ 环境温度范围内长期稳定使用。适合多种材料黏合，尤其是与水泥材料，在凝固过程中可直接黏合，只要无明水便可施工，其综合性能良好，抗拉强度高，抗渗能力强，低温柔性好，膨胀系数小，易黏合，摩擦系数小，性能稳定可靠。这是一种无毒、无污染的绿色环保产品。

> 丙纶防水卷材成本低廉，厚度可根据需要选择。底部方正的常规庭院水池造型多选用 2 mm 厚产品，异型或弧形池底多选用 3 mm 厚产品。

> 池底根据造型覆盖铺设，施工前要洒水润湿铺设界面，防止黏合后干燥过快导致防水卷材脱离界面。

丙纶防水卷材

胶粉

丙纶防水卷材铺设

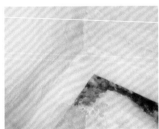
丙纶防水卷材铺设局部

> 根据使用说明，将胶粉与水、水泥搭配混合，用于黏合丙纶防水卷材，将卷材与水池底面、侧面全面黏合，卷材之间衔接黏合宽度不小于 50 mm。

> 强化水池底部的转角造型铺设，可在转角部位增加铺设层数，防止边角开裂漏水。

规整造型的游泳池

庭院游泳池造型规整，适用于丙纶防水卷材，在防水卷材的铺设层表面可继续铺设马赛克砖石装饰。丙纶防水卷材与胶粉对人体皮肤无刺激作用，广泛用于亲水水池与游泳池。

# ❷ 沥青防水卷材

　　沥青防水卷材是以沥青材料、胎料和表面撒布防黏材料等制成的成卷材料，又称油毡，适用于张贴式防水层。传统沥青防水卷材成本低，拉伸强度和延伸率低，温度稳定性差，耐老化性较差，使用年限短，属于低档防水卷材。目前用于庭院水景工程底部防水的主流产品为高聚物改性沥青防水卷材，这类卷材具有抗拉强度高、延伸率大、耐高低温性能好及耐老化等特点，适用于池塘、鱼池、蓄水池等构筑物。

　　高聚物改性沥青防水卷材是将防水层与编织面料层融为一体，具有较强的防裂、防刺性能，适用于水池底部不平整的界面铺设施工。

高聚物改性沥青防水卷材

平整区域施工

　　平整区施工采用火焰加热黏合，但是对基础界面的平整度要求不高，卷材之间的重合宽度为100 mm左右。

自粘沥青防水卷材是在其中一面黏合表膜，施工时揭开表膜，将黏合面贴在水池界面上。要求界面无杂质灰尘，但是自粘沥青防水卷材的主要功能在于卷材之间相互黏合，免去采用火焰加热环节，简化了施工流程。

自粘沥青防水卷材

不规则区域施工

自粘沥青防水卷材适用于不规则的水池，施工时，顺应水池的底部形态黏合，最终形成封闭性较好的自由形态。

庭院景观池底部造型规整，但是周边的山石护坡造型不规整，可使用高聚物改性沥青防水卷材，在防水卷材铺设层表面可继续铺设马赛克砖石或直接砌筑山石装饰。高聚物改性沥青防水卷材对人体皮肤有刺激作用，不宜用于游泳池，多用于景观水池或鱼池。

不规整造型的景观池

# 1.4.2 防水涂料

防水涂料是由合成高分子聚合物、高分子聚合物与沥青、高分子聚合物与水泥为主要成膜物质，加入各种助剂、改性材料、填充材料等，加工制成的溶剂型、水乳型或粉末型的涂料。防水涂料可在常温条件下形成连续的、整体的、具有一定厚度的涂料防水层，多适用于面积较小的水池或局部防水补漏。

相对于防水卷材而言，防水涂料虽然施工简单，成本更低，适合不规则的防水界面，但是防水涂料容易开裂，并且对含有酸、碱等腐蚀性的水源并不耐久，多适用于阳台、露台局部水景或小水池底部界面的防水。

## ❶ JS 防水涂料

JS 防水涂料是指聚合物水泥防水涂料，其中，J 指聚合物，S 指水泥（JS 为聚合物水泥的拼音首字母）。JS 防水涂料是以聚丙烯酸酯乳液、乙烯 - 醋酸乙烯酯共聚乳液等聚合物乳液与各种添加剂组成的有机液料，以及水泥、石英砂、轻重质碳酸钙等无机填料所组成，再添加各种添加剂合理配比复合制成的。

JS 防水涂料为乳白色黏稠液态，使用时要根据使用说明搭配水泥粉末搅拌，主要涂刷在面积较小的防水界面，比如花坛、鱼池、阳台等造型多样的局部空间，比防水卷材施工简单，可用于防水卷材施工完毕后的排查补漏。

JS 防水涂料多为桶装，桶类容器能有效存储、保护产品，包装严密，保质期多为 12 个月。

将搅拌均匀的 JS 防水涂料涂刷至阳台墙面、地面，能有效防止水渗漏至墙体、楼板中，在此基础上可以在阳台设计制作花坛、鱼池等水景工程。

   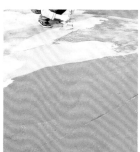

JS 防水涂料包装　　　　JS 防水涂料质地　　　　阳台界面涂刷　　　　露台地面涂刷

打开包装后，JS 防水涂料为乳白色黏稠液体，使用时应将其倒出至其他容器中，与水泥粉末搅拌。

JS 防水涂料也可大面积用于露台，采取全局刷涂，同一界面涂刷 2 ~ 3 遍。

庭院小型鱼池

在庭院中开挖地面土方，砌筑小型鱼池，对鱼池砌筑界面抹灰找平后，可用 JS 防水涂料涂刷 3 遍，形成严密的防水层，防止池中的水向地下渗透。为了防止地下基础出现沉降导致砌筑开裂，可在涂刷 JS 防水涂料之前，在水泥砂浆抹灰找平层中铺设防裂纤维网或钢丝网，以提升 JS 防水涂料的施工耐久性。

## ❷ 堵漏王

　　堵漏王是一种高性能快速防水材料，集无机、无碱、防水、防潮、抗裂、抗渗、堵漏于一体的防水堵漏涂料。其能迅速凝固，且密度和强度高于常规混凝土，可以在潮湿的基面上直接施工。

堵漏王适用于各种混凝土或水泥砂浆构筑物，能对阴角的圆弧处和管道周边的防水加强处理，特别是对各种穿墙管、套管周边的缺陷、阴角位的修补有非常卓越的效果。打开包装后加水快速调和均匀，将其填塞或涂刷至防水区域即可。

堵漏王

堵漏王具有快速凝固特性，为了避免干固后造成浪费，多为小包装产品。

堵漏王为灰色粉末状，打开包装后，将其倒入小容器中加水快速搅拌。

堵漏王质地

加水搅拌涂抹

调和时可以边加粉末，边加水，并快速搅拌，其完全凝固周期多在 20 分钟以内，在此期间要全部涂刷完毕。

山水砌筑水景池

山石砌筑的水景池造型复杂，在坑体底部与内壁界面涂刷 JS 防水涂料。山石砌筑在地面上的构筑物，就需要采用堵漏王来修补缝隙，甚至可以直接用堵漏王来砌筑山石，确保水不会从山石砌筑缝隙间外泄。

造型复杂的庭院水景需要采用多种防水材料。界面平整的游泳池底部与侧面可选用丙纶防水卷材。山石砌筑的坡地界面可选用沥青防水卷材，并覆盖涂刷 JS 防水涂料，山石砌筑的缝隙可填塞涂刷堵漏王。做到多管齐下，综合获得最佳防水效果。

真山石游泳池水景

# 2 庭院水景设计

**庭院浅水池**

▲ 浅水池结构简单，可蓄水也可不蓄水，其中设置在水上的汀步具有亲水互动效果，在庭院中也不受周边环境制约。

## 🖑 本章导读

公共水景中采用的形式，在许多庭院景观中也能使用，只不过庭院所用到的水景受空间条件限制，一般只能占用少许空间，规模相对会小很多。本章介绍几种具有代表性的庭院水景，适合大多数庭院应用。

# 溪流

　　溪流是富有动感和韵味的水景形式，其形态应根据环境条件、水量、流速、水深、水面宽和所用材料进行合理设计。其中，石材景观在溪流中所起到的作用比较独特。

## 不同的石材景观起到的不同作用

| 名称 | 效果 | 应用部位 |
|---|---|---|
| 主景石 | 形成视线焦点，具有对景和点题作用，说明溪流名称与内涵 | 溪流的首尾或转向处 |
| 隔水石 | 形成局部小落差和细流声响 | 铺在局部水线变化的位置 |
| 切水石 | 使水产生分流和波动 | 不规则地布置在溪流中间 |
| 破浪石 | 使水产生分流和飞溅 | 用于坡度较大、水面较宽的溪流 |
| 河床石 | 观赏石材的自然造型和纹理 | 置于水面以下 |
| 垫脚石 | 具有力度感和稳定感 | 用于支撑的大石块之上 |
| 横卧石 | 调节水速和水流的方向，形成溢口 | 溪流狭窄处或转向处 |
| 铺底石 | 美化水底，种植苔藻 | 多采用卵石、砾石、水刷石，铺在底部 |
| 踏步石 | 装点水面，方便步行 | 横贯溪流，自然布置 |

铺底石
切水石
横卧石
破浪石

主景石
隔水石
河床石
垫脚石
踏步石

溪流的水面造型取决于石材的形态与铺设位置，大多以围合为主，形成复杂多变的水流效果。

溪流与选石

# 2.1.1　溪流设计

溪流分可涉入式和不可涉入式两种。可涉入式溪流的水深应小于 0.3 m，以防止儿童溺水，同时水底应做好防滑处理。可供儿童嬉水的溪流，应安装水循环和过滤装置。不可涉入式溪流宜种养适应当地气候条件的水生动植物，增强观赏性和趣味性，溪流配以山石可充分展现其自然风格。

溪流的坡度应根据地理条件及排水要求而定。普通溪流的坡度宜为 0.5%，急流处为 3% 左右，缓流处不超过 1%。溪流宽度宜在 1～2 m，水深一般为 0.3～1 m，深度超过 0.4 m 时，应在溪流边采取防护措施，比如石栏、木栏、矮墙等。为了使环境景观在视觉上更为开阔，可以适当增大水面宽度或使溪流蜿蜒曲折。溪流水岸宜采用散石和块石，并与水生或湿地植物相结合，以此减少人工造景的痕迹。

对地面土方进行开挖，形成沟渠状，将卵石堆砌在沟渠的护坡上，形成溪流造型，同时在溪流底部铺设卵石，形成水流造型。

卵石护坡溪流

庭院中可设计较窄的人工溪流，并在底部铺设小卵石。溪流应具有轻微坡度，让水从高处流向低处，最终再被水泵抽回形成循环。

人工溪流

## 水景住宅发展趋势

1. 自然水景。优点在于没有建造成本；缺点是只能远观，不能真正融入其中。

2. 人工水景。优点是能充分融入环境，如果是安全的水域，人也可以参与其中，带来亲水体验，比较人性化；缺点是后期的养护和建造成本较高。

# 2.1.2　溪流施工

下面介绍一个造型简洁、占地面积较小的庭院溪流水景的施工方法。

采用陶缸作为溪流源头，对陶缸进行改造，在溪流途经位置铺设防水卷材与形态不一的石料。溪流下游设计储水池，池内置入水泵并连接水管。

庭院溪流水景

（a）地面放线定位

根据设计布局要求在地面放线定位，确定施工区域。

（b）土方开挖

对土方进行开挖，开挖深度约为300 mm，同时塑造地势高低起伏的造型。

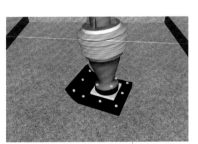

（c）基坑夯实

采用打夯机对地面低洼处进行夯实。

（d）铺设碎石与混凝土

（e）铺设防水卷材

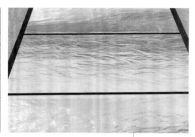

（f）拼接防水卷材

在地面低洼处铺设粒径 30 mm 的碎石，碎石层厚 50 mm 左右，再铺设厚 100 mm 的 C20 混凝土。

将混凝土铺设层找平并塑造形体，再铺设聚氨酯防水卷材。

处理防水卷材的拼接处，使之符合地面凹凸造型。

（g）布置水管

（h）陶缸钻孔

（i）陶缸砌筑固定

采用 φ40 mm PVC 管作为循环给水管，布置在池底。

在陶缸中央一侧钻孔，孔洞直径 42 mm。

采用 1∶2 水泥砂浆与轻质砖，砌筑陶缸基座。

（j）插入水管

（k）采用山石遮挡基座

（l）铺设底部小卵石

将 φ40 mm PVC 管穿过孔洞插入陶缸内。

选择形体多样的山石，采用 1∶2 水泥砂浆砌筑在陶缸周边，遮挡陶缸底部基座。

池底铺撒小卵石装饰，同时遮挡循环水管。

（m）铺设周边石料

（n）填塞种植土

（o）布置潜水泵

选择形体多样的山石，采用1∶2水泥砂浆继续在小卵石周边砌筑围合，形成自然的水池造型。

在山石外围填塞种植土，形成较严密的围合体。

将潜水泵放置在箱体容器中，置于陶缸内深处，采用软管连接潜水泵与$\phi$40mm PVC循环水管。

给容器、水池注水，将潜水泵电线隐藏在山石间隙中，通电，运行完成。

（p）注水通电

庭院溪流水景施工

## 2.2　水帘瀑布

　　水帘瀑布是模仿自然景观的水景，采用天然石材或仿石石材设置水流的背景并引导水的流向，在山石平滑面流淌下来的瀑布能形成水帘效果。为了确保瀑布沿墙体、山体平稳滑落，应对落水口处的山石做卷边处理，或对墙面做坡面处理。

# 2.2.1　瀑布设计

　　瀑布因其水量不同，会产生不同的视觉、听觉效果，所以，落水口的水流量和瀑布高差的控制成为设计的关键参数。人工瀑布落差宜在1m以下；呈台阶式叠落的瀑布，其梯级宽高比宜在1∶1～3∶2之间，梯面宽度宜在300～1000mm之间。

庭院中的瀑布需要设置各种主景石。由于人们对瀑布的喜好形式不同，而瀑布自身的展现形式也不同，加之表达的题材及水景也不同，因此造就出了多姿多彩的瀑布形式。

单级瀑布

多级瀑布

瀑布造型为弧形，水流落下后呈现汇集感，视觉效果集中。

每级山石的间距较小，水流垂直造型高度较矮，形成密集肌理效果，提升了瀑布的动感。

 ## 瀑布的气势

瀑布的水量不同，就会演绎出从宁静到宏伟的不同气势。尽管循环设备与过滤装置的容量决定整个瀑布循环规模，但瀑布落水口的流水量（自落水口跌落的瀑身厚度）依然是设计的关键。庭院内瀑布瀑身厚度一般在10 mm以内，一般瀑布的落差越大，所需水量越大，反之，水量则越小。

 ## 细部处理

高差小、流水口较宽的瀑布，如果减少水量，瀑流就常会呈幕帘状滑落，并在瀑身与墙体之间形成低压区，致使部分瀑流向中心集中，可能割裂瀑身。对于这种情况，可加大水量或对落水口的山石做沟槽处理，凿出细沟，使瀑布呈丝带状滑落。通常情况下，为确保瀑流能够沿墙体平稳滑落，可对落水口处的山石做卷边处理，也可以根据实际情况，对墙面做坡面处理。

# ③ 水帘设计要点

如果采用平整饰面的白色花岗岩作墙体，墙体平滑没有凹凸，人的视觉就不易察觉到瀑身的流动，会影响观赏效果。利用料石或花砖铺设墙体时，应采用密封勾缝。若需在水中设置照明设备，就应考虑设备本身的体积，将基本水深定在 300 mm 左右。高差小的水帘落水口处设置连通管、多孔管等配管时，可考虑添加装饰顶盖。在庭院中利用假山、叠石做水帘时，可在地上筑池做潭，山石上作水帘，使水帘轻泻潭中，击石有声，水花四溅。

为了营造出水帘效果，可以用金属管件做挂瀑，将金属管的一侧开长缝作泻水口，再将金属管水平悬空架立在庭院中，其下方做水槽接水，这就形成了金属管水帘的动感效果。

微型水帘

出水口平整光滑，水流下落过程形成均衡的水帘静态效果，落下高度较低，水花较小。

几何造型水帘

瀑布基础为混凝土几何形体构筑，塑造出挺直的水帘轮廓。

## ✔ 小贴士

### 临水与亲水

水景主要有临水、亲水之分，它们各有所长，但临水不等于亲水。临水是指在庭院附近有天然水系，水景能时刻映入眼帘。亲水是指建筑紧靠水系一侧，整个建筑处处围绕水系做设计，方便人与水互相亲近、互相交流。

# 2.2.2  瀑布施工

下面介绍一处庭院瀑布的施工方法。

将山石加工成较薄的造型，再进行叠加砌筑，形成多级瀑布，下游池内安装潜水泵十分方便。瀑布施工对地形的要求不高，仅需在地面挖出浅坑即可展开后续施工。

庭院瀑布

（a）地面放线定位

根据设计布局要求在地面放线定位，确定施工区域。

（b）土方开挖

对土方进行开挖，开挖深度约为500 mm，同时塑造地势高低起伏的造型。

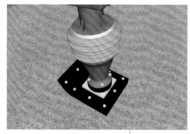

（c）基坑夯实

采用打夯机对水池底部进行夯实。

（d）铺设碎石与混凝土

在水池底部铺设粒径30 mm的碎石，碎石层厚50 mm左右，再铺设C20混凝土，厚100 mm。

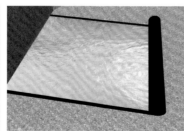

（e）铺设防水卷材

将混凝土铺设层找平并塑造形体，再铺设聚氨酯防水卷材。

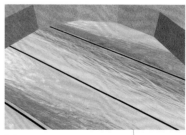

（f）拼接防水卷材

对防水卷材进行拼接处理，符合池底凹凸造型。

（g）布置基础水管

采用 φ75 mm PVC 管作为循环给水管，布置在池底。

（h）加工山石料

根据造型需要对山石材料进行修凿加工，使不规则的山石符合砌筑造型需求。

（i）基础山石砌筑

选择形状符合要求的山石，采用1：2水泥砂浆砌筑在水池内侧，遮挡侧壁防水卷材。

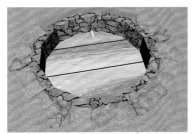

（j）山石砌筑水池檐口

选择扁平状山石材料，采用1：2水泥砂浆砌筑在水池檐口。

（k）防水填补

采用堵漏王等固态防水材料填补山石砌筑缝隙，并涂刷防水剂。

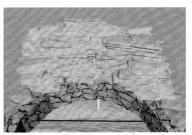

（l）叠加山石砌筑

选择形状符合要求的山石，采用1：2水泥砂浆砌筑在水池外部山石造型的高处。

（m）铺设出水石板

选择较平整的石料作为出水石板，铺设在山石造型高处，并将 φ32 mm 给水软管预埋至此。

（n）修饰出水口

采用打磨机对出水石板表面进行修饰，形成平整光洁的表面造型。

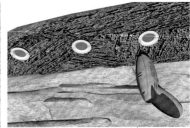

（o）安装灯具

在山石造型上安装灯具并布置电线。

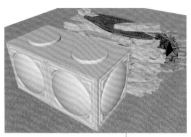

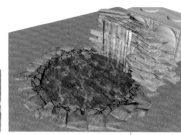

（p）安装上游集水箱

庭院瀑布施工

（q）布置潜水泵

（r）注水通电

在山石造型背后放置集水箱，容积为 1.5 ～ 2 m³。将预埋的 φ75 mm PVC 循环给水管连通至集水箱内。

将潜水泵放置在集水箱内，潜水泵与 φ75 mm PVC 循环给水管连通。潜水泵出水管为 φ32 mm 给水软管，将其连通至山石造型的出水石板处。

给集水箱、水池注水，将潜水泵电线通电，运行完成。

## 2.3　池塘

池塘是指比湖泊更小的水体，具有封闭的生态系统。池塘是现代庭院景观的重要设计元素。

# 2.3.1　池塘设计

为了保存水，池塘要有合成垫层或黏土层做防渗处理。防渗层下有细碎颗粒基层保护，如果使用黏土作防渗层，则防渗层下就经常要放纤维过滤层。在人类活动频繁或波浪大的地区，塘边应使用混凝土、石材加固，防侵蚀的同时便于行人行走。大型池塘应采用渐进坡度，且不应大于 35°；若在池塘边设计有植被的湿地，植床坡度要更缓，不应大于 10°。

观赏性和娱乐性池塘还要严格控制水体的营养流入，以抑制水藻的过多生长。池塘周围的径流应改变流向，使其不流入池塘。通常要求充气来维持生物生长及降低热天时的水温，这可以通过喷射或其他具有美学效果的水景展示来实现。

池塘的深度要根据设计意图、池塘大小和当地气候来定。总的来说，大型较深的池塘能有效促进生物的活动，然而池塘中的动植物最深可以在 450 ～ 600 mm 的位置生存。若池塘最深处超过 3 m，将使池塘中产生温差层和季节周转，并且冬季生物活动一般受"冻结"影响，除非提供适当深度。在温暖地区池塘最深处至少应该在 600 ～ 900 mm 深，更冷的地区要求池塘最深处在 1500 ～ 1800 mm 之间。

（a）水面　　　　　　　　（b）山石驳岸　　　　　　　　　　　　（c）绿化与桥梁

自然池塘

> 自然池塘面积较大，底部无防水层，主要为雨水汇集而成的水体。

##  雨水灌溉池塘

　　用来蓄积雨水、灌溉或观赏的池塘可以是线性的，也可以是非线性的，主要取决于土壤和地下水位的情况。考虑的关键因素包括用纤维过滤层来控制水池周围的环境引起的混浊，以及具有适当的储蓄量来容纳大暴雨产生的雨水。这些水池要有小型土坝和石堰来控制池水高度。池水深度为 1800 ～ 2500 mm，以使水体形成不同的层温和生物环境来维持水生生物的生长，如果有可能还需增设喷射装置来增加水中的氧气。

> 雨水灌溉池塘的水资源主要来自雨水，这类池塘适合多雨气候的南方，池塘水位可随季节变化有涨有跌，因此要在驳岸上铺设多样的石料来填充水位下降的空白。

## 2. 小型观赏池塘

　　观赏池塘更为亲人，设计水景的面积可以在 2 ～ 100 m² 之间。一般将橡胶防水卷材直接铺在地基之上的砂垫层上，但在大面积应用时要在防水层上面用压力喷射水泥砂浆注入钢筋网。深度小于 450 mm 的浅池，对池水必须进行循环增氧，且必须监测二氧化碳含量及 pH 值以适应水生生物的生长。通常在这类景观中会使用循环泵、展示性水景，也会在池边种植大量植物，在干旱地区还会利用循环水作为水源。

雨水灌溉池塘

小型观赏池塘

> 观赏池塘形态可根据设计要求定制，多为浅水池，池底铺设碎石，观赏主景为平整、透彻的水面与周边的墙面绿化。

# 2.3.2 池塘施工

下面介绍一处与自然相融合的浅水观赏池塘的施工方法。

浅水观赏池塘

人工观赏池塘与自然池塘相融合，地势较自然池塘高，水满溢出后流入自然池塘中。池塘周边砌筑山石，水源主要来自山上的泉水，枯水季节时会露出池底山石。

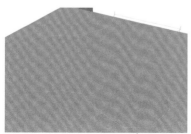

（a）地面放线定位

根据设计布局要求在地面放线定位，确定施工区域。

（b）土方开挖

采用挖掘机对土方进行开挖，开挖深度约为600 mm，同时塑造地势高低起伏的造型。

（c）基坑夯实

采用打夯机对水池底部夯实。

（d）铺设碎石

在水池底部铺设粒径30 mm的碎石，碎石层厚50 mm左右。

（e）砌筑水池边缘与流泻檐口

采用1：2水泥砂浆与轻质砖，砌筑水池边缘与流泻檐口。

（f）挑选山石

选择形态适宜的山石铺放在池底碎石层上。

（g）山石料加工

根据造型需要对山石材料进行修凿加工，使不规则的山石符合砌筑造型的需求。

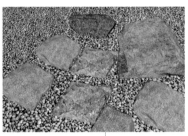

（h）砌筑池底山石

采用1：2水泥砂浆将山石固定砌筑在池底碎石层上。

（i）砌筑驳岸山石

采用1：2水泥砂浆砌筑水池周边驳岸山石，形成围合状。

（j）防水填补

采用堵漏王等固态防水材料填补山石砌筑缝隙，并涂刷防水剂。

（k）布置潜水泵

将潜水泵安装在池底边缘。

（l）连通潜水泵水管

在潜水泵上连接给水管与排水管，深色给水管连通至砌筑水池外部的自然水体中，白色排水管连通至池内低洼处。

044

（m）安装注水阀门

（n）安装排水阀门

（o）填塞种植土

在给水管靠近池岸的边缘处安装注水阀门，能控制给水管开关。

在排水管靠近池岸的边缘处安装排水阀门，能控制排水管开关。

在池体底部与周边填塞种植土。

（p）栽植绿化

（q）铺设地面石料

采用1：2水泥砂浆在池体外部砌筑扁平的山石材料。

根据设计需要栽植绿化植物。

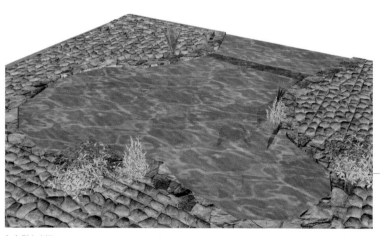

（r）引入水源

浅水观赏池塘施工

将潜水泵通水通电，从下游自然水体中抽水，抽进水池，水满后通过水池流泻檐口排至自然水体中。

# 2.4　水池

　　庭院内筑池蓄水，可以作为光影景观，也可以作为养鱼媒介。水池平面形式多种多样，或方或圆，或长或短，或曲或直，要与庭院环境相协调。池岸采用不同的材料做表面装饰，呈现出不同的格调和风采。

# 2.4.1　水池设计

 **水池种类**

　　水池造型与功能丰富，主要有以下几种：

　　（1）浅水池。深度为1000 mm以内的水池，包括儿童戏水池、造景池、种植池、鱼池等。浅水池多为方正的池形或多个水池呈对称的形式。为了使空间活泼，凸显涉水环境的丰富，可用自由布局的、参差跌落的自然式水池形式。庭院浅水池的结构形式主要有砖砌水池和混凝土水池两种。砖砌水池施工灵活方便，造价较低。混凝土水池施工稍复杂，造价稍高，但防渗漏性能良好。

　　（2）生态水池。此类水池既适于水下动植物生长，又能美化环境、调节小气候，并供人观赏。在庭院中的生态水池多饲养观赏鱼虫和习水性植物，比如鱼草、芦苇、荷花、莲花等，打造动物和植物互生互养的生态环境。水池深度应根据饲养鱼的种类、数量和水草在水下生存的深度来确定，一般为300～1500 mm，为了防止池外动物的侵扰，池边平面与水面需保证有150 mm的高差。

　　由于水池很浅，水对池壁的侧压力较小，因此在设计中一般不作计算，只要用砖砌厚度为240 mm的墙作池壁，并且认真做好防渗漏结构层的处理，就可以达到安全使用的目的。可以在水流的沿线布设卵石、汀步、跳水石、叠水台阶等，当水流轻轻流入时，倒影形成的水景也就随即产生了。

浅水池

水池壁与池底需平整，以免刮伤鱼类，池壁与池底以深色为佳。深度小于300 mm 的浅水池，池底可做艺术处理，以显示水的清澈透明。池底与池畔宜设置隔水层，在池底隔水层上覆盖 300 ~ 500 mm 厚土，用来种植水草。

生态水池

（3）装饰水池。此类水池在庭院中不附带其他功能，只是起到赏心悦目、烘托环境的作用，这种水池往往可以构成环境景观的中心。装饰水池是通过人工对水流的控制，比如排列、疏密、粗细、高低、大小、时间差等，达到艺术效果，并借助音乐和灯光的变化产生视觉上的冲击，进一步展示水的活力和动态美，满足人的亲水要求。

（4）倒影池。这类水池利用光影在水面形成的倒影，扩大视觉空间，丰富景物的空间层次，增加景观的美感。倒影池极具装饰性，十分精致，无论水池大小都能产生特殊的借景效果，花草、树木、小品、岩石的前方都可设置倒影池。倒影池的设计要保证池水一直处于平静状态，尽可能避免风的干扰。

装饰水池

装饰水池具有动态的效果，水池中可设计汀步，让人与水产生互动。

倒影池

倒影池的池底多采用黑色或深绿色的材料铺设，比如黑色塑料、沥青胶泥、黑色石材或瓷砖等，用来增强水的镜面效果。

# ❷ 水池结构

水池的形态种类众多，主要设计对象是池体结构的材料选用。

## 建造水池的常用材料

| 材料 | 应用 | 装饰方法 | 建造方法 | 预期寿命 |
|---|---|---|---|---|
| 现浇混凝土 | 大型展示、观赏和娱乐水池 | 彩色、织纹、涂料、瓷砖 | 使用水泥与石砂等混合成混凝土，现场制作完成 | 长 |
| 预制混凝土 | 小型水池 | 彩色、涂料、瓷砖 | 在工厂预制生产混凝土型材，连接处必须密封、防水 | 长 |
| 压力喷浆混凝土 | 观赏展示水池、游泳池 | 彩色、涂料、瓷砖、仿石 | 现场铺设钢筋网、框架，将水泥喷射进去制作而成 | 长 |
| 石材 | 观赏展示水池 | 天然石材、人造石打磨至光滑或粗糙 | 使用灰泥将石材黏结在薄材贴面或排水垫的薄膜上即可 | 长 |
| 砖 | 观赏展示水池 | 砖用涂料抹光或封严 | 使用水泥砂浆砌筑，水堰和水墙处的节点必须慎重处理 | 中等至长 |
| 金属 | 小型水池装置和结构 | 高质量抛光表面 | 金属表面需要涂环氧密封剂 | 中等 |
| 玻璃纤维 | 小型装置 | 成型后较光滑 | 在工厂制造，铺设后再刷涂料 | 中等 |

水池主要采用钢筋混凝土或砖石修建，主要由池底、池壁、池顶、进水口、泄水口、溢水口六部分构成。

（1）池底：为保证不漏水，宜采用防水混凝土。为了防止裂缝，应适当配置钢筋，必要时要进行配筋计算。大型水池还应适当考虑设置伸缩缝、沉降缝，这些构造缝应设止水带并用柔性防漏材料填塞。

（2）池壁：起维护作用，要求防漏水，与挡土墙受力关系类似，分为外壁和内壁，内壁做法同池底，并同池底浇筑为一体。

（3）池顶：强化水池边界线条，使水池结构更稳定。若用石材压顶，其挑出的长度受限，与墙体连接性差，而使用钢筋混凝土压顶，其整体性好。

（4）进水口：水池的水源一般为人工水源，为了给水池注水或补水，应当设置进水口。进水口可以设计得比较大方，也可以设置在隐蔽处或结合山石布置情况。

（5）泄水口：为便于清扫、检修及防止停用时水质败坏或结冰，水池应设泄水口。应尽量采用重力方式泄水，也可利用水泵的吸水口兼作泄水口，利用水泵泄水。泄水口的入口应设置格栅或格网，其栅条间隙和网格直径应以不大于管道直径的 25% 为佳。

（6）溢水口：为防止水满时从水池顶部溢出流到地面，同时为了控制池中水位，应设置溢水口。溢水口的位置不但不应影响美观，而且要便于清除积污和疏通管道。溢水口外应设置格栅或格网，防止较大的漂浮物堵塞管道。格栅间隙或筛网网格的直径应以不大于管道直径的25%为宜。管道穿过池底和外壁时要采取防漏措施，一般是设置防水套管。在有可能产生震动的地方，应设置柔性防水套管。

在宽面水池中，进水口多设计在隐蔽的角落，水流入池中不会溅起明显的水花。

溢水口在水池侧壁的顶部，当水注满水池后可将多余的水排出，避免外溢流到地面。

泄水口多在池底坡度较低的位置。

观赏水池

观赏水池的功能多样，可观赏、可涉足，汀步可踩可坐，是庭院的多功能休闲区域。水池要保持水质洁净，需定期打扫，同时设置进水口、泄水口、溢水口。

# 2.4.2　水池施工

下面介绍一处观赏水池的施工方法。

现代风格的观赏水池造型简洁，墙体安装水管，在水池中设计汀步可行走穿梭，设计台阶可涉足亲水。

观赏水池

（a）地面放线定位

根据设计布局要求在地面放线定位，确定施工区域。

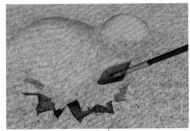

（b）土方开挖

对土方进行开挖，开挖深度约为 500 mm，开挖造型平整方正。

（c）基坑夯实

采用打夯机对水池底部夯实。

（d）铺设碎石

在水池底部铺设粒径 30 mm 的碎石，碎石层厚 50 mm 左右。

（e）铺设混凝土

在碎石层上铺设 C20 混凝土，厚 100 mm。

（f）砌筑基坑围壁

采用 1：2 水泥砂浆与轻质砖，砌筑周边围壁。

（g）砌筑台阶

根据功能需求，继续采用 1：2 水泥砂浆与轻质砖，砌筑水池内台阶汀步造型。

（h）制作溢水口

采用 $\phi$ 75 mm PVC 管作为溢水管，预埋安装在水池侧壁的檐口处，溢水管连通至排水沟或井。采用 $\phi$ 32 mm PP-R 管为给水管，给水管连通至自来水给水管。

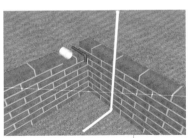

（i）布置预埋水管

继续采用 $\phi$ 32 mm PP-R 管作为循环给水管，连通至水池底部与水池高处。

（j）砌筑装饰墙

继续采用1：2水泥砂浆与轻质砖，砌筑水池造型装饰墙。

（k）放置金属出水口

在墙体中央镶嵌不锈钢成品出水口。

（l）布置墙体水管

在砌筑完成的墙体上开槽，将 $\phi$32 mm PP-R 管嵌入墙体中。

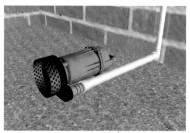

（m）连通潜水泵水管

将 $\phi$32 mm PP-R 管连通至潜水泵上。

（n）铺设防水卷材

将混凝土铺设层找平，再铺设聚氨酯防水卷材。

（o）填补缝隙并涂刷防水

采用堵漏王等固态防水材料填补砌筑砖体缝隙，并涂刷防水剂。

（p）铺贴池底瓷砖

采用素水泥浆在池底的防水卷材上铺贴瓷砖。

（q）铺设石材

继续采用石材黏结剂在池体边缘铺设石材。

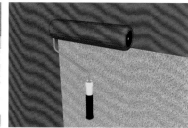

（r）涂刷外墙涂料

采用1：2水泥砂浆将装饰墙找平，再刮外墙耐水腻子，滚涂彩色氟碳漆3遍。

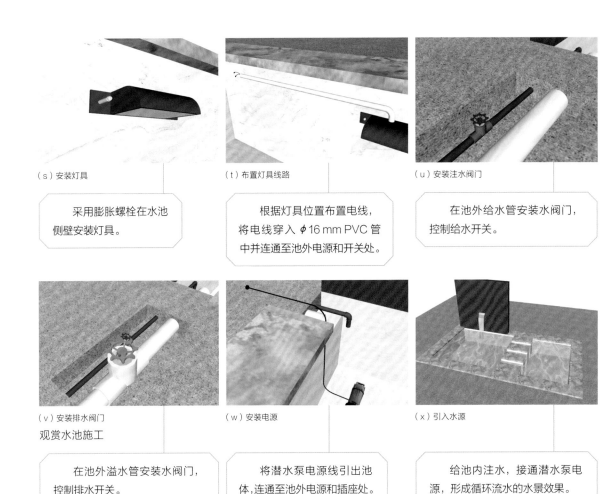

（s）安装灯具

采用膨胀螺栓在水池侧壁安装灯具。

（t）布置灯具线路

根据灯具位置布置电线，将电线穿入 $\phi$ 16 mm PVC 管中并连通至池外电源和开关处。

（u）安装注水阀门

在池外给水管安装水阀门，控制给水开关。

（v）安装排水阀门

观赏水池施工

在池外溢水管安装水阀门，控制排水开关。

（w）安装电源

将潜水泵电源线引出池体，连通至池外电源和插座处。

（x）引入水源

给池内注水，接通潜水泵电源，形成循环流水的水景效果。

# 2.5　游泳池

　　游泳池的视觉效果与鱼池、莲花池迥然不同。如果说鱼池与莲花池是整个庭院的观赏中心的话，那么游泳池便是所在区域比较抢眼的景色了。

## 2.5.1　游泳池设计

### 1. 选址

　　游泳池的位置最好临近主体建筑，如果已经确定要建造景亭、露台或其他带有炊具和座椅的休闲场所，则应将游泳池与这些区域分隔开，以免从庭院的各个角落都能直接看见游泳池。喷泉、假山和瀑布可以涵盖在水池的总体设计和水网系统中，同样，游泳池也可以融入带有池塘或其他景致的水上花园中。

以游泳池为核心的庭院布局具有聚集性，所有庭院活动区域都围绕游泳池展开。周边活动区域宽度在 3.6 m 左右，形成环绕状，使游泳池既是庭院中心，又是观赏主景。

游泳池布置

 **材料与工艺**

以往很多游泳池都使用砖体砌筑建造，形状为千篇一律的正方形或矩形。随着压力喷浆技术的应用与发展，现代的钢筋混凝土游泳池已呈现出千姿百态的形状。压力喷浆是将水泥砂浆喷射到混凝土表面，可直接铺贴瓷砖、马赛克和大理石装饰表面。

 **安全性**

游泳池一旦落成，游泳池周围如果没有围栏或相应的安全设施，就会对人尤其是小孩构成潜在的危险。在庭院里，游泳池最好使用专门的围栏进行隔离。

庭院中的游泳池平面不宜做成正规比赛用池，池边应尽可能采用优美的曲线，加强水的动感。游泳池根据功能需要可分为儿童泳池和成人泳池，儿童泳池深度以 600 ~ 900 mm 为宜，成人泳池为 1200 ~ 2000 mm。儿童泳池与成人泳池可以考虑统一设计，一般将儿童泳池放在较高位置，水经台阶式或斜坡式叠水流入成人泳池，既保证了安全又丰富了游泳池的造型。游泳池岸必须做圆角处理，铺设软质渗水地面或防滑地砖。游泳池周围可种植多种灌木和乔木，并提供休息和遮阳设施，还可以设计更衣室、淋浴区和野餐区。

游泳池灯光

游泳池内安装蓝色灯光，使游泳池在夜间成为庭院主要观赏景点。池底的照明能使人辨析水池深度，保障夜间游泳的安全。

游泳池分区

对游泳池进行分区设计。小池为儿童泳池或练习泳池，水线浅，内部有台阶可坐可站。大池为标准泳池，满足正常游泳健身需求。

# 2.5.2 游泳池施工

下面介绍一种较为标准的庭院游泳池施工方法。

游泳池

现代庭院游泳池多进行分区设计，主要分为练习池与标准池两个区域。水体可不相通，可根据时节与使用需求选择性注水，池体采用混凝土高压注浆方式施工，注重防水致密性。

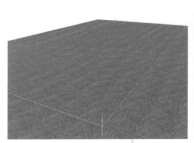

（a）地面放线定位

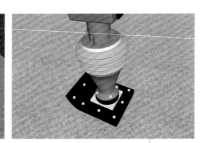

（b）土方开挖

（c）基坑夯实

根据设计布局要求在地面放线定位，确定施工区域。

采用挖掘机对土方进行开挖，开挖深度 2200 ～ 2400 mm，开挖后仍需用铁锹把基坑修整至平整方正。

采用打夯机对水池底部夯实。

（d）铺设碎石

在水池底部铺设粒径 30 mm 的碎石，碎石层厚 50 mm 左右。

（e）布置钢筋网架

在碎石层上布置钢筋网架，选用 $\phi$ 12 mm 钢筋编制，钢筋间距 150～200 mm。

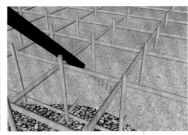

（f）喷涂混凝土

在钢筋网架中浇筑 C20 混凝土，整体浇筑层厚 200 mm。

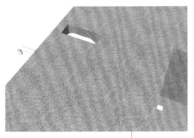

（g）布置排水管

采用 $\phi$ 110 mm PVC 管作为游泳池排水管，安装并预埋至游泳池周边，连通至排水井。

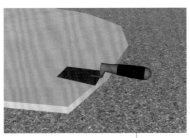

（h）喷涂界面找平

采用 1：2 水泥砂浆将混凝土浇筑层找平，厚度为 15 mm。

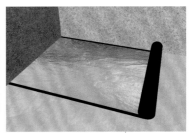

（i）铺设防水卷材

在找平层表面铺设聚氨酯防水卷材。

（j）砌筑基坑围壁

采用 1：2 水泥砂浆与轻质砖，砌筑周边围壁。

（k）砌筑台阶

根据功能需求，继续采用 1：2 水泥砂浆与轻质砖，砌筑游泳池内台阶。

（l）砌筑隔墙

根据功能需求，继续采用 1：2 水泥砂浆与轻质砖，砌筑游泳池内深、浅区之间的隔墙。

（m）铺设防水卷材

在砌筑表面铺设聚氨酯防水卷材。

（n）预留溢水口

在周边围壁檐口部位预留溢水口，将 $\phi$ 110 mm PVC 管安装固定在溢水口处。

（o）布置预埋给水管

溢水口处布置预埋 $\phi$ 63 mm PP-R 管作为给水管。

（p）连通潜水泵水管

给水管连通至游泳池外部地坑容器内。

（q）填补缝隙防水

采用堵漏王等固态防水材料填补砌筑砖体缝隙，并涂刷防水剂。

（r）布置灯具线路

根据灯具位置布置电线，将电线穿入 $\phi$ 16 mm PVC 管中并连通至池外电源开关处。

（s）铺贴池底瓷砖

采用素水泥浆在池底防水卷材上铺贴瓷砖。

（t）铺设石材

采用石材黏结剂在游泳池外部的地面铺设石材。

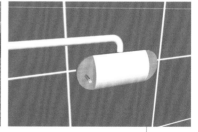

（u）安装灯具

采用膨胀螺栓在水池侧壁安装灯具，并连接线路。

（v）安装水泵

（w）安装注水阀门

（x）安装排水阀门

在水箱容器内安装净化潜水泵，并连通给水管。从溢水管上引出 φ75 mm PVC 排水管并安装阀门，引游泳池的溢水至水箱容器内。

为池外给水管安装注水阀门，控制给水开关。

为池外溢水管安装排水阀门，控制排水开关。

将潜水泵电源线引出池体，连通至池外电源插座处。

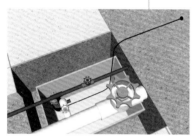

给水箱容器、游泳池内注水，接通潜水泵电源，形成循环流水，净化游泳池水。

（y）安装电源

游泳池施工

（z）引入水源

## 2.6 喷泉

由于浅水池能透过水体看到池底，因此喷泉在喷射过程中，水花晶莹透彻，喷射的花形也不需要过于复杂，仅形成群组效果即可。

　　喷泉是将水经过一定压力通过喷头喷射出来的具有特定形状的组合体，提供水压的为水泵。喷泉原是一种自然景观，是承压水的地面露头，而庭院中的喷泉是为了造景需要，是人工建造的具有装饰性的喷水装置。喷泉可以使周围空气湿润，减少尘埃，降低气温，其细小水珠同空气分子撞击，能产生大量的负氧离子。因此，喷泉可以改善庭院内部气候并调整人体身心健康。

浅水池喷泉

景观池的主要观赏对象为水面倒影，因此，喷泉水柱造型不宜过高，水花不宜过大，形成喷射流动状即可。

景观池喷泉

# 2.6.1　喷泉设计

##  喷泉的种类

喷泉有很多种类和形式，可以分为以下几种。

**喷泉景观的分类和适用场所**

| 名称 | 主要特点 | 适用场所 |
|---|---|---|
| 涌泉 | 水由下向上涌出，呈水柱状，高度在 600 ~ 800 mm 左右，可独立设置，也可多组设置成图案 | 庭院入口、庭院中央、假山、水池 |
| 间歇泉 | 模拟自然界的地质现象，每隔一定的时间喷出水柱或气柱 | 溪流、小径、假山、游泳池 |
| 旱地泉 | 将喷泉管道和喷头下沉到地面以下，喷水时水流回落到地面，沿地面的坡度排出 | 庭院中央开阔处 |
| 跳泉 | 水流光滑稳定，可以准确落到受水孔中，在计算机控制下，可以变化水流长度和跳跃时间 | 庭院中、道路旁 |
| 跳球喷泉 | 水流呈光滑的水球状，水球大小和间歇时间可以控制 | 庭院中、道路旁 |
| 雾化喷泉 | 由多组微孔喷管组成，水流通过微孔喷出，看似雾状，多呈柱形和球形 | 庭院、休闲场所 |
| 喷水盆 | 外观呈盆状，下有支柱，可分多级出水，多为独立设置 | 园路边、庭院、休闲场所 |
| 小品喷泉 | 从雕塑器具（罐、盆）中和动物（鱼、龙）口中喷出的水，形象生动有趣 | 群雕、庭院 |
| 组合喷泉 | 具有一定的规模，喷水形式多样，有层次，有气势，喷射高度高 | 居住区、庭院入口 |

## 2. 喷泉布置要点

开阔的场地多选用曲线等不规则形式的喷泉池，水池大，喷水高。狭小的场地比如庭院转角、建筑物前等位置，水池多选用矩形。

（1）位置：设置在庭院的轴线焦点、端点和花坛群中，或布置在庭院中央、门口两侧、空间转折处、公共建筑的大厅内等地点，布置灵活、自由。不宜将喷泉设置在建筑之间的风口风道上，应当设置在避风的环境中，避免大风吹袭导致喷泉水形被破坏或落水被吹出水池外。

（2）形式：有自然式和规则式两类。喷水的位置可居于水池中心，组成图案，也可以偏于一侧或自由布置。要根据喷泉所在位置的空间尺度来确定喷水的形式、规模及喷水池的大小比例。

对称式喷泉

现代庭院设计多为对称式造型，喷泉水池也多为对称式布局。喷泉水感强烈，照明比较华丽。喷泉的形式自由，可与庭院中的廊架构造结合。

欧式风格住宅追求严谨的几何造型与秩序感，因此游泳池中常设计形态规整的喷泉水柱，与庭院建筑风格相融合。

游泳池景观喷泉

# 3. 喷泉水型设计

喷泉水型是由不同种类的喷头组合喷水而形成的造型，比如水柱、水带、水线、水幕、水膜、水雾、水泡等。这些水型要素按照设计要求进行组合，可塑造出千变万化的水型。在同一个喷泉池中，喷头越多，水型越丰富，就越能构成复杂和美丽的图案。

山石雕刻造型与喷泉相结合，形成多级水柱造型，呈现出欧式设计的风格特征。

多层景观造型喷泉

喷泉的主题与形式要与环境相协调，要将喷泉和环境统一起来考虑。现代中式庭院将落水与喷泉元素融合起来，弱化喷射效果，强调自由落下的水帘效果。

落水喷泉

#  给水排水系统

喷泉的水源应为无色、无味、无有害杂质的清洁水。因此，喷泉除用城市自来水作为水源外，也可采用地下水，其他像冷却设备和空调系统的废水也可作为喷泉的水源。喷泉的给水方式有以下几种：

（1）给水排水：由自来水直接给水的流量在 2 ~ 3L/s 以内的小型喷泉，供水直接由城市自来水管供应，使用过后的水通过园林雨水管网排除掉或给泵房加压使用后排掉。为了确保喷水有稳定的高度和射程，给水需经过特设的水泵加压，喷出后的水仍排入雨水管网，或者由潜水泵循环供水，将潜水泵放置在喷水池中较隐蔽处或低处，直接抽取池水向喷水管及喷头循环供水。这种供水方式的水量有一定的限度，因此适用于小型喷泉。

（2）管道布置：大型水景工程的管道可布置在专用管沟或共用沟内。水景工程的管道可直接铺设在水池内。为保持各个喷头的水压一致，宜采用环状配管或对称配管，并尽量减小水头损失，每个喷头或每组喷头前宜设有调节水压的阀门。对于高射程喷头，喷头前应尽量保持较长的直线管段或设整流器。

（a）水雾景观　　　　　（b）水雾管道　　　　　（c）过滤与净化设备

水雾喷泉

选用雾化喷头可喷出雾化水效果，多设计在水景桥或岸边。需要在管道上游安装净化设备，将水池中的水抽到设备中经过净化后，再加压供给给水管。水雾喷泉可设定时间自动喷射，间隔时间根据雾化的消散周期而定。

为了避免管道大量裸露而影响庭院观赏效果，可将水雾管道安装在隐蔽的山石中，利用风或风扇吹动水雾覆盖水面。

古典水景中的水雾喷泉

## 喷泉给水排水管网

喷泉给水排水管网主要由输水管、排水管、补给水管、溢水管和泄水管等组成。

由于喷水池中水的蒸发以及在喷射过程中有部分水被流动的空气带走，进而造成喷水池内水量的损失，因此，在水池中应设补给水管。补给水管和自来水管连接，并在管上设浮球阀或液位继电器，随时补充池内水量的损失，以保持水位稳定。

为防止因降雨使水位上涨而设的溢水管，应直接接通庭院内的雨水井，并应有不小于3%的坡度，在溢水口外应设拦污栅。泄水管直通庭院雨水管道系统，或与园林湖池、沟渠等连接起来，使喷泉水泄出后，可作为园林其他水体的补给水，也可供绿地灌溉或地面洒水用，但需另行设计。

此外，在寒冷地区，为防冻害，所有管道均应有一定的坡度，一般不小于2%，以便冬季将管道内的水全部排出。

# 2.6.2 喷泉施工

下面介绍一种较为标准的中式庭院喷泉施工方法。

中式水景喷泉

在中式庭院中设计喷泉需要融合中西方设计元素，配置山石与木质材料，将喷泉出水口设计在池体中央，并设计溢水渠循环用水。山石能遮挡水泵设备，形成良好的视觉效果。

（a）地面放线定位

根据设计布局要求在地面放线定位，确定施工区域。

（b）土方开挖

对土方进行开挖，开挖深度约为 300 mm。

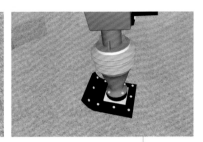

（c）基坑夯实

采用打夯机对水池底部夯实。

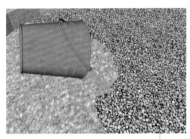

（d）铺设碎石与混凝土

在基坑底部铺设粒径 30 mm 的碎石，碎石层厚 50 mm 左右，再浇筑 C20 混凝土，整体浇筑构造层厚 100 mm。

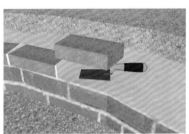

（e）砌筑水池围合基础

采用 1：2 水泥砂浆与轻质砖，砌筑周边围壁。

（f）砌筑水池外部围合

继续采用 1：2 水泥砂浆与轻质砖，砌筑水池外部围合。

（g）砌筑水池内部围合

继续采用 1：2 水泥砂浆与轻质砖，砌筑水池内部围合。

（h）抹灰找平

采用 1：1 水泥砂浆对池壁抹灰找平。

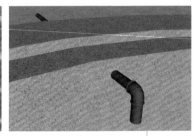

（i）安装给水管

在池壁预埋 $\phi$ 32 mm PP-R 管作为给水管。

（j）安装排水管

在池壁预埋 $\phi$ 75 mm PVC 管作为排水管。

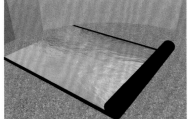

（k）铺设防水卷材

在池底表面铺设聚氨酯防水卷材。

（l）内部铺设石材

采用石材黏结剂在水池内部地面铺设石材。

（m）外部铺设砖材

采用素水泥浆在池壁外围铺贴瓷砖。

（n）安装山石

将造型独特的名贵山石吊装至池体中，采用1：2水泥砂浆砌筑固定。

（o）安装潜水泵

在山石背侧安装潜水泵。

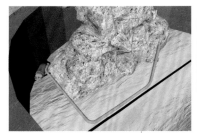

（p）连通水管

将潜水泵连通 $\phi$ 32 mm PP-R 给水管，再连通至水池中央并安装喷泉水口。

（q）填补缝隙防水

采用堵漏王等固态防水材料填补砌筑砖体缝隙，并涂刷防水剂。

（r）布置电源线路

将潜水泵电源线引出池体，连通池外电源插座。

（s）铺设防腐木

中式庭院喷泉施工

在水池外围铺设防腐木装饰。

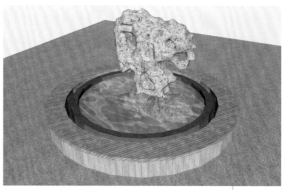

（t）引入水源

给水池内注水，接通潜水泵电源，形成循环喷泉水池的景观效果。

✔ 小贴士

# 喷泉控制方式

喷泉喷射水量的控制、喷射时间的控制和喷水图样变化的控制，主要有以下三种方式：

1. 手阀控制。这是最常见和最简单的控制方式，在喷泉的供水管上安装手控调节阀，用来调节各管段中水的压力和流量，形成固定的喷水姿态。

2. 继电器控制。通常用时间继电器按照设计时间程序来控制水泵、电磁阀、彩色灯等的启闭，从而实现可以自动变换的喷水姿态。

3. 音响控制。声控喷泉是利用声音来控制喷泉喷水水形变化的一种自控喷泉。声控喷泉的原理是将声音信号转变为电信号，经放大及其他处理，推动继电器或其电子式开关，再去控制设在水路上的电磁阀的启闭，从而达到控制喷头水流通断的目的。这样，随着声音的变化，人们可以看到喷水大小、高矮和形态的变化。它能把人们的听觉和视觉结合起来，使喷泉喷射的水花随着音乐优美的旋律变化而翩翩起舞。

将花岗岩石材加工成墙壁与水池的结合体，根据设计需要放置在庭院中，能提升庭院空间的风格特色。

## 2.7 壁泉

壁泉是指在庭院局部墙壁上安装出水管道，做细流吐水造型，水流造型可与墙面装饰融为一体。壁泉的墙面造型丰富多样，甚至还有成品壁泉构件，可直接选购安装。

欧式整体喷泉

小型游泳池的给水口通常比较醒目，审美效果不佳，可以集中设计在墙面上，形成具有秩序感的简洁几何体造型。

游泳池壁泉

# 2.7.1　壁泉设计

##  墙壁型

　　建筑墙面无论凹凸与否，都能形成壁泉，又因其水流形态多样，可设计山石砖体雕塑，让水从雕塑造型中流出，最终呈现水流动态造型与水花造型，并产生水声，形成庭院中主体观赏景观。

## 2. 山石型

　　人工堆叠的假山或自然形成的陡坡壁面上，只要有水流过就能形成壁泉。最具特色的是以方块石材堆叠的假山壁泉，造型刚劲，气势磅礴，以几何造型为主，表现出大自然的寓意，只是需注意这种造型要与周边环境的色调保持一致。

木质隔墙质地较轻薄，出水口采用不锈钢金属簸箕造型，呈现平滑、透明的水幕效果。

人造山石可塑造成近似砌筑墙体的造型，给水管与出水口造型都可以塑造得很平滑。山石外形层峦叠嶂，搭配水雾管道，形成扑朔迷离的神秘效果。

木质隔墙喷泉

山石壁泉

# 2.7.2　壁泉施工

下面介绍一种庭院壁泉的施工方法。

在墙体中安装给水管道，并根据出水量设计管网，均衡出水流量，观赏池中不安装潜水泵，将潜水泵安装在墙背后的设备池中。观赏池与设备池相连通，形成水循环。

庭院壁泉

（a）地面放线定位

根据设计布局要求在地面放线定位，确定施工区域。

（b）土方开挖

对土方进行开挖，开挖深度约为 300 mm，开挖造型方正。

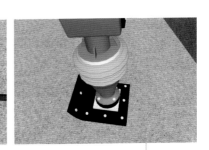

（c）基坑夯实

采用打夯机对水池底部夯实。

继续采用 1：2 水泥砂浆与轻质砖，砌筑水池与墙体下部。

（d）铺设碎石与混凝土

（e）砌筑水池与墙体基础

（f）砌筑水池与墙体下部

在基坑底部铺设粒径 30 mm 的碎石，碎石层厚 50 mm 左右，再浇筑 C20 混凝土，整体浇筑层厚 100 mm。

采用 1：2 水泥砂浆与轻质砖，砌筑水池与墙体基础。

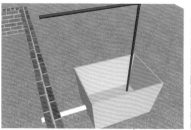

（g）安装连通管道

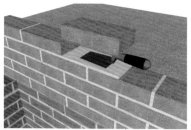

（h）砌筑墙体中部

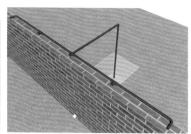

（i）安装给水管

在墙体背后放置集水容器，穿过池壁布置预埋 φ75 mm PVC 管作为排水管，在池壁高处预埋 φ32 mm PP-R 管作为给水管。

继续采用1：2 水泥砂浆与轻质砖，砌筑墙体中部。

在墙体中部，布置 φ32 mm PP-R 管分支，供给至 5 处出水口。

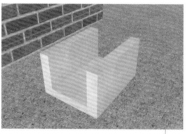

（j）制作出水口造型

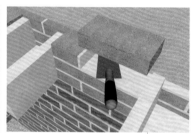

（k）砌筑出水口

（l）砌筑墙体上部

采用石材黏结剂粘贴厚 20 mm 的花岗岩石板，形成出水口造型。

采用1：2水泥砂浆与轻质砖，将石材出水口砌筑在墙体中部。

继续采用1：2水泥砂浆与轻质砖，砌筑墙体上部。

采用石材黏结剂粘贴水池墙饰面石材。

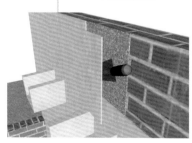

（m）外部铺设石材

（n）安装潜水泵

（o）连通水管

在墙体后部的集水容器内安装潜水泵，集水容器的安装高度、最大水位线高度与壁泉景观水池一致。

将潜水泵连通至 φ32 mm PP-R 管。

（p）填补缝隙防水

壁泉施工

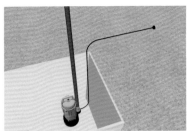
（q）布置电源线路

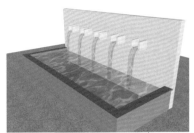
（r）引入水源

采用堵漏王等固态防水材料填补砌筑缝隙，并涂刷防水剂。

将潜水泵电源线引出池体，连通至池外的电源插座处。

给水池内注水，接通潜水泵电源，形成循环壁泉的水池景观效果。

# 滴泉

滴泉是指将庭院景观中水景构筑物的水量调节到很小，使水断断续续地滴下，形成滴滴答答、叮叮咚咚的声响效果。墙壁上也可设计自然山石，做成壁泉状，石壁上引出涓涓细流，也可作滴水状，并在石间种植耐阴、耐湿的草本植物等。

## 2.8.1　滴泉设计

滴泉设计多使用小流量成品构筑物，大多数产品可直接购买安装。滴泉除了从墙体中流出，还可以独立设计出水造型，其整体形态较小，在庭院中可以根据设计需求随意摆放。

水缸承载滴泉

石器转承滴泉

水缸放置在庭院屋檐角下，下雨时能囤积雨水，满足日常庭院清洁使用，无须特别设计给水排水管道。

将石材加工成容器后组合叠加放置，安装小型潜水泵并用绿植遮挡，可不设排水管，给容器注水后即可启动潜水泵。

竹筒组合滴泉

将竹筒作为给水管，石勺作为容器，在石勺下再增加一件石盆作为储水容器并放置小型潜水泵，由于水流量小，能形成较明显的水滴声效。

将竹筒切割加工，放置在金属支架上，水流从上向下逐层滴落，形成连贯的视觉效果。

石盆滴泉

不锈钢现代风格滴泉

不锈钢立柱造型的水管将水流提升到一定的高度后，再使之落至水池中，溅起水花。潜水泵安装在不锈钢立柱造型水管后部。

# 2.8.2　滴泉施工

下面介绍一种庭院小型滴泉的施工方法。

庭院滴泉

在木质立柱中穿插给水管，将水流入陶瓷容器中。容器底部预埋储水容器，并与陶瓷容器连通。将潜水泵放置在底部预埋的储水容器中，给水软管再延伸到木质立柱中，形成循环。

（a）地面放线定位

根据设计布局要求在地面放线定位，确定施工区域。

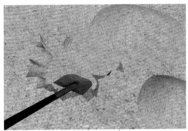

（b）土方开挖

对土方进行开挖，开挖深度约为900 mm，开挖造型方正。

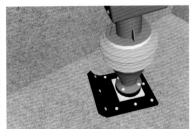

（c）基坑夯实

采用打夯机对基坑底部夯实。

（d）铺设碎石

在基坑底部铺设粒径30 mm的碎石，碎石层厚100 mm左右。

（e）砌筑储水池

在碎石层上采用1：2水泥砂浆与轻质砖，砌筑基坑周边墙体。

（f）放置储水箱

对砌筑构造抹灰平整，水平放置储水箱，箱体容积为1～1.5 m³。

（g）土层回填

将开挖的土壤进行回填。

（h）土层夯实

采用铁锹对回填土层夯实，注意保护好储水箱。

（i）选择潜水泵

选择小功率潜水泵。

（j）连接给水软管

将潜水泵连接 φ15 mm PVC
软管，并将潜水泵放置在水箱内。

（k）砌筑周边山石

在基坑外部，采用
1：2 水泥砂浆砌筑山
石围合构筑物。

（l）填充种植土

在围合构筑物内填充
种植土，厚 200 mm。

（m）铺设瓜米石

在种植层表面铺设粒径 10 mm 左
右的瓜米石，厚 20 mm。

（n）陶瓷容器钻孔

选择陶瓷容器，在底部
钻孔，孔洞直径为 18 mm。

（o）安装出水口水嘴

裁切一段长 500 mm 左右、
φ16 mm PVC 排水管，并将防水
橡胶垫插入陶瓷容器孔洞中，形成
出水口水嘴。

（p）放置陶瓷容器

将陶瓷容器摆放至储水箱
上方，并将 φ16 mm PVC 排
水管穿透土层插入储水箱内。

（q）放置山石

在陶瓷容器周边
摆放山石作为装饰。

（r）地面钻孔

用电锤在地面钻孔，孔洞直径 18 mm
左右，深度 500 mm 左右，直至将潜水泵
连接的 φ15 mm PVC 软管穿出。

（s）木方钻孔加工

在成品防腐木木方底部钻孔，孔洞直径 16 mm 左右，深度至距木方上端约 600 mm。

（t）穿入给水软管

将地面延伸出来的 φ15 mm PVC 软管穿入防腐木木方中的孔洞内。

（u）固定木方

在地面钻孔，插入小木方或木楔，用免钉胶将其黏结至主木方上，形成固定构筑物。

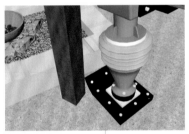

（v）周边夯实

滴泉施工

采用打夯机对木方周边地面夯实。

（w）插上出水管

在木方上部钻孔并插入圆形木质管状构筑物，木管终端向下倾斜，管口位于陶瓷容器上方。

（x）注水并接通电源

通过陶瓷容器中的排水管对储水箱注水，再将潜水泵电源线引出池体，连通至池外电源插座处，形成动态滴泉景观效果。

# 3

# 岸坡设计

**山石岸坡**

▲ 水景池塘构筑完成后，为避免周边的土壤向水中滑落，需要设计制作驳岸护坡。山石体量较大，能有效阻隔土壤滑入水中，是岸坡常见的构造材料。

 **本章导读**

在庭院水景池塘设计施工过程中，许多种类的水体都涉及岸边的建造问题，这种专门处理和建造水体驳岸的建设工程，称为水体岸坡工程，主要包括驳岸工程和水景护坡工程。

驳岸是指在水体边缘与陆地交界处，为稳定岸壁，保护其不被冲刷或水淹而设置的垂直构筑物，是保护庭院水体岸边的工程设施。

# 3.1.1 驳岸设计基础

驳岸是亲水景观中应重点处理的部位。驳岸与水线形成的连续景观线能否与环境相协调，不但取决于驳岸与水面间的高差，而且取决于驳岸的类型与选材。

**驳岸的类型与选材**

| 驳岸类型 | 材质选用 |
| --- | --- |
| 普通驳岸 | 砌块（砖、石、混凝土） |
| 缓坡驳岸 | 砌块，砌石（卵石、块石），人工海滩沙石 |
| 带河岸裙墙的驳岸 | 边框式绿化，使用木桩锚固卵石 |
| 台阶驳岸 | 踏步砌块，仿木台阶 |
| 带平台的驳岸 | 石砌平台 |
| 缓坡、台阶复合驳岸 | 台阶砌石，缓坡种植保护 |

住宅庭院中的沿水驳岸，无论其规模大小，驳岸高度与水体深浅的设计都应满足人的亲水要求，驳岸（池岸）应尽可能贴近水面，以人手能触摸到水为最佳。亲水环境中的其他设施，比如水上平台、汀步、栈桥等，也应该以人与水体的尺度关系为基准进行设计。

溪流水体要求有稳定、美观的驳岸，才能维持陆地和水面的面积比例，防止陆地被溪流冲刷坍塌，否则岸壁崩塌淤积水中，会导致水岸线变位、变形，水的深度减小。

山石溪流驳岸

# 1. 驳岸作用

驳岸可以防止因冬季冻胀、风浪淘刷、超重荷载而导致的岸边塌陷，对维持水体稳定起着重要作用，构成园景、岸坡的同时，又可为水边游览提供用地空间。游览步道临水而设，有利于拉近人与水景的距离，提高水景的亲和力。在水边游览步道上，可以观赏水景，可以散步，还可以在岸边的园椅上休息。而水体驳岸工程的兴建，正是这种游览步道功能发挥的有效保障。同时，岸坡也属于庭院水景构成要素的一部分。如果将驳岸设计为山石驳岸、混凝土驳岸、草坪驳岸、花草驳岸、灌丛驳岸等，都可以创造出美丽而自然的岸景，从而很好地丰富水景景观。

在驳岸的设计中，要坚持实用、经济和美观相统一的原则，统筹考虑，相互兼顾，达到水体稳定、岸坡牢固、水景协调、美化效果良好的目的。

综合驳岸

面积较大的水景驳岸可以采取综合设计，水线以下为混凝土构造，水位升高后有植被区驳岸，植被区中均匀散落山石，压制地面，形成局部山石驳岸。

# 2. 破坏驳岸的主要因素

驳岸可分为水下基础部分、常设水位至水底部分、常设水位与最高水位之间的部分和不受淹没的部分。破坏驳岸的主要因素有：

（1）地基下沉不稳定。由于水底地基荷载强度与岸顶荷载不适应而造成的均匀或不均匀沉陷，会使驳岸出现纵向裂痕，甚至局部塌陷。在冰冻地带池水不深的情况下，可产生由于冻胀而引起的地基变形。如果以木桩作桩基，则会因桩基腐烂而导致下沉。

（2）水体浸透受冬季冻胀力的影响。从常设水位至水底被常年淹没的部分，其破坏因素是水体浸透。我国北方冬季天气较寒冷，水渗入岸坡中，冻胀后易使岸坡断裂。冰冻的水面也在冻胀力作用下，对常设水位以下的岸坡产生推挤力，把岸坡向上、向外推挤，而岸壁后的土壤内产生的冻胀力又将岸壁向下、向里推挤。这样，便造成岸坡的倾斜或移位。因此，在岸坡的结构设计中，应主要减少冻胀力对岸坡的破坏。

（3）岸坡顶部受压力影响。岸坡顶部可因超重荷载和地面水冲刷而遭到破坏，另外，由于岸坡下部分被破坏也将导致上部分的连锁破坏。

了解了水体岸坡遭到破坏的各种因素，在设计中进一步结合具体条件，便可以制定出相应的措施，使岸坡的稳定性加强，达到安全使用的目的。

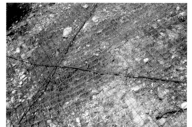

（a）驳岸铺设钢丝网混凝土喷浆驳岸

（b）钢丝网与土坡间留间隙

（c）喷涂混凝土

对驳岸土坡夯实，表面铺设钢丝网加固。

钢丝网层与土坡之间保持 10 mm 间隙。

采用 C25 混凝土高压喷涂至驳岸钢丝网表面，再铺设砌筑山石，形成坚固的水景驳岸。

# 3.1.2　山石驳岸施工

此类驳岸采用天然山石，不经人工整形，依照自然的石形砌筑成崎岖、曲折、凹凸变化的自然山石驳岸，适合于水石庭院、假山山涧等水体。

山石驳岸是最原始的驳岸构造，施工形式简单快捷，但是为了保证驳岸的牢固度，基础构造多采用混凝土材料喷涂，并制作防水层，最后铺设山石装饰。

山石驳岸

采用打夯机对基坑与驳岸基坑底部夯实。

（a）放线定位

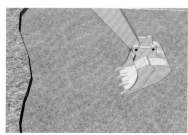

（b）基础处理造型

（c）夯实驳岸基础

根据设计要求，采用激光水平仪在地面放线定位，将钢筋插入标记位置，并拉出醒目的标记线。

采用挖掘机开挖土层，开挖深度为 900 mm，并修整出坡度造型。

（d）铺设钢筋网

（e）将钢筋网固定至驳岸上

（f）混凝土高压喷涂

在基坑地面底部铺设钢筋网架，钢筋规格为 $\phi$ 12 mm，网架间距 150 mm 左右。

将不同坡度的钢筋网采用铁丝绑扎固定。

在基坑地面钢筋网架上浇筑 C25 混凝土，混凝土层厚 100 mm 左右。

（g）铺设防水卷材

（h）水泥砂浆抹灰整形

（i）铺设大山石

采用 1∶2 水泥砂浆对混凝土表面找平，根据地势坡度塑造光滑地面，并铺设聚氨酯防水卷材。

在防水卷材表面涂抹 1∶2 水泥砂浆，进一步修整圆滑。

在驳岸边缘铺设形体规格较大的山石，局部采用 1∶2 水泥砂浆砌筑固定。

（j）填塞小山石

山石驳岸施工

（k）填充种植土

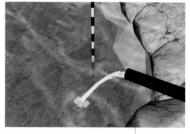

（l）注水至水位线

在大山石之间的缝隙处与空白处填塞形体较小的山石，局部采用 1∶2 水泥砂浆固定。

在池底铺设种植土层，厚 200 ～ 300 mm。

向池内注水至设计水位线高度，形成景观效果。

# 3.1.3 浆砌块石驳岸施工

浆砌块石驳岸是采用水泥砂浆按照重力式挡土墙的方式砌筑的块石驳岸，使用水泥砂浆抹缝，使岸壁壁面形成冰裂纹、松皮纹等装饰性纹理。浆砌块石驳岸造型严密，防水性能好，能踩踏、站立，是庭院亲水的主要构筑物。

将山石当作砖体来砌筑，形成较严密的驳岸构造，但是在砌筑体上部会散落一些形态各异的山石，形成自然造型。

浆砌块石驳岸

根据设计要求，采用激光水平仪在地面放线定位，将钢筋插入标记位置，并拉出醒目的标记线。

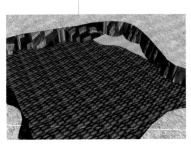

（a）放线定位

（b）水道开挖

采用挖掘机开挖土层，开挖深度600 mm，并修整出坡度造型。

在池底铺设粒径30 mm的碎石，厚50 mm。

采用打夯机对基坑与驳岸基坑底部夯实。

（c）基坑夯实

（d）铺设碎石

在基坑地面碎石层上方浇筑 C25 混凝土，混凝土层厚 100 mm 左右。

（e）铺设混凝土

（f）铺设防水卷材

采用 1：2 水泥砂浆对浇筑混凝土的表面找平，根据地势坡度塑造光滑表面，并铺设聚氨酯防水卷材。

（g）水泥砂浆抹灰整形

在防水卷材表面涂抹 1：2 水泥砂浆，进一步修整圆滑。

（h）砌筑大山石

在驳岸边缘铺设形体规格较大的山石，局部采用 1：2 水泥砂浆砌筑固定。

（i）填塞小山石

在大山石之间的缝隙处与空白处填塞形体较小的山石，局部采用 1：2 水泥砂浆固定。

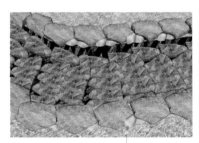

（j）铺设河床石

（k）填塞小山石

在河床大山石之间的缝隙处与空白处填塞形体较小的山石。

向河道池内注水至设计水位线高度，形成景观效果。

在河道底部铺设形态扁平的山石作为河床石。

在池底铺设种植土层，厚 200 ~ 300 mm。

（l）铺设种植土

浆砌块石驳岸施工

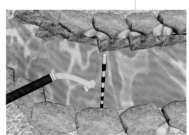

（m）注水至水位线

# 3.1.4　干砌大块石驳岸施工

干砌大块石驳岸不使用任何黏结材料，只是利用大块石的自然纹缝进行拼接镶嵌。在保证砌叠牢固的前提下，使块石前后错落，多有变化，可建造大小、深浅形状各异的石峰、石洞、石崆、石峡等。由于这种驳岸缝隙密布，生态条件比较好，故有利于水中生物的繁衍和生长。

干砌大块石驳岸

将山石置于驳岸上需追求稳固，除了选用形体方正的石料，还需要在石料底部铺设稳固的基础，防止石料松动、滑落。驳岸基础多设计为台阶状。

采用打夯机对基坑与驳岸基坑底部夯实。

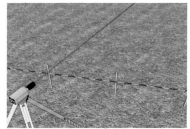

（a）放线定位

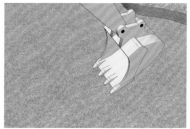

（b）基坑开挖

（c）台阶状基础夯实

根据设计要求，采用激光水平仪在地面放线定位，将钢筋插入标记位置，并拉出醒目的标记线。

采用挖掘机开挖土层，开挖深度600 mm，并修整出坡度造型。

在池底、坡道、台阶各区域铺设粒径30 mm 的碎石，厚50 mm。

（d）铺设碎石

（e）铺设混凝土

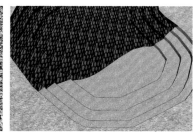

（f）铺设防水卷材

在基坑地面碎石层上方浇筑C25混凝土，混凝土层厚100 mm 左右。

采用1：2水泥砂浆对浇筑混凝土表面找平，根据地势坡度塑造光滑表面，并铺设聚氨酯防水卷材。

（g）水泥砂浆抹灰整形

在防水卷材表面涂抹1：2
水泥砂浆，进一步修整圆滑。

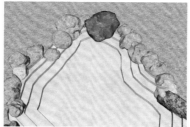

（h）铺设小山石基础

在驳岸周边选
择较小的山石，采用
1：2水泥砂浆固定。

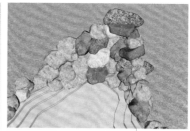

（i）砌筑大山石

挑选形体各异且符合堆砌逻辑
的山石，采用1：2水泥砂浆，向高
处砌筑，砌筑峰值为2 m左右。

（j）填塞小山石

在高处大山石之间的缝隙处
与空白处填塞形体较小的山石，局
部采用1：2水泥砂浆固定。

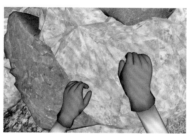

（k）晃动测试

砌筑完成后湿水养护7
天，再用全身力气推动山石进
行测试，完全不松动为合格。

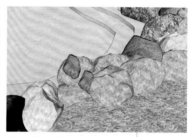

（l）修补填塞小山石

在驳岸周边大山石之间的缝
隙处与空白处填塞形体较小的山
石，局部采用1：2水泥砂浆固定。

在池底铺设种植土层，厚100～200 mm。

（m）铺设种植土

干砌大块石驳岸施工

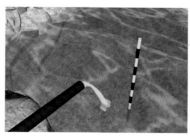

（n）注水至水位线

向河道池内注水至设
计水位线高度，形成景观
效果。

# 3.1.5　整形石砌体驳岸施工

利用加工整形成规则形状的石条，整齐地砌筑成条石砌体驳岸。这种驳岸规则整齐、工程稳定性好，但造价较高，多用于较大面积的规则式水体的驳岸。

将天然山石加工成外观形态规整的石条或石块，再将山石置于驳岸台阶基础上，压实驳岸土层，追求稳固，能有效防止石料松动、滑落。

整形石砌体驳岸

（a）挑选天然山石

（b）山石切割

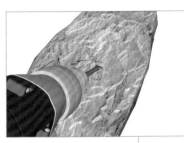

（c）山石表面凿毛

挑选天然山石，山石应形态相当，边长多为 300 ~ 600 mm。

采用切割机，对形态过大或不规则的山石进行裁切。

采用电镐对山石表面凿毛，提升砌筑时的附着力。

采用打夯机对基坑与驳岸基坑进行夯实。

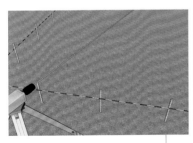

（d）放线定位

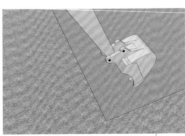

（e）基坑开挖

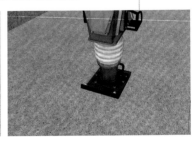

（f）基坑夯实

根据设计要求，采用激光水平仪在地面放线定位，将钢筋插入标记位置，并拉出醒目的标记线。

采用挖掘机开挖土层，每个台阶高差 500 mm，并修整出弧形造型。

（g）铺设碎石

在驳岸台阶地面区域铺设粒径 30 mm 的碎石，厚 50 mm。

（h）铺设钢筋网架

在碎石层台阶地面上方铺设钢筋网架，钢筋规格为 φ12 mm，网架间距 150 mm 左右。

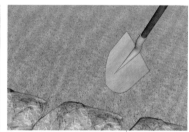

（i）铺设混凝土

在钢筋网架中浇筑 C25 混凝土，混凝土层厚 100 mm 左右。

（j）砌筑山石

将加工后的山石整齐排列在台阶边缘，局部采用 1：2 水泥砂浆固定。

（k）填塞小山石

在驳岸周边大山石之间的缝隙处与空白处填塞形体较小的山石，局部采用 1：2 水泥砂浆固定。

（l）铺设基础土层

在台阶地面的混凝土表面铺设基础土层，厚 100～200 mm。

（m）铺设种植土

整形石砌体驳岸施工

在基础土层上方铺设种植土，厚度与砌筑山石的高度一致。

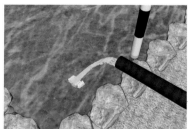

（n）注水至水位线

向池内注水至设计水位线高度，形成景观效果。

# 3.1.6　钢筋混凝土驳岸施工

此类驳岸是以钢筋混凝土为材料做成的驳岸,其整齐性、光洁性和防渗性都比较好,但造价高,宜用于重点水池和规则式水池,或用于地质条件较差的地形中所建的水池。

钢筋混凝土驳岸

钢筋混凝土驳岸表面光洁,结构简单且牢固,对于基坑底部松软的水景池塘,需要铺设钢丝网与钢筋网架,形成双层强化。

根据设计要求,采用激光水平仪在地面放线定位,将钢筋插入标记位置,并拉出醒目的标记线。

(a)放线定位

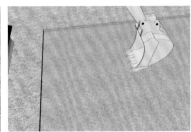

(b)地面开挖

采用挖掘机开挖土层,开挖深度为500 mm,并修整出护坡造型。

(c)驳岸坡度整形

采用铁锹将坡度修饰平整。

(d)驳岸基坑夯实

采用打夯机对基坑与驳岸基坑底部夯实。

铺设钢筋网

(e)铺设钢筋网

在地面铺设钢筋网架,钢筋规格为 $\phi$ 12 mm,网架间距150 mm左右。

(f)钢丝网固定

采用铁丝将不同界面的钢筋网架绑扎固定。

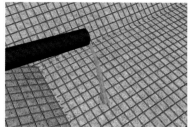

（g）浇筑混凝土

在钢筋网架中浇筑C25混凝土，混凝土层厚50 mm左右。

（h）铺设钢筋网

在混凝土层上方继续铺设钢筋网架，钢筋规格为 $\phi$ 12 mm，网架间距150 mm左右。

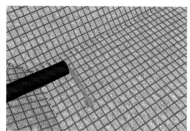

（i）铺设混凝土

继续在钢筋网架中浇筑C25混凝土，混凝土层厚100 mm左右。

（j）混凝土层表面找平

在混凝土层上方采用1：2水泥砂浆找平与找坡，平整区域采用水平尺检测校正。

（k）铺设防水卷材

根据地势坡度铺设聚氨酯防水卷材。

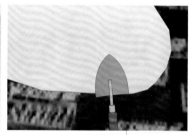

（l）水泥砂浆抹灰找平

在防水卷材表面涂抹1：2水泥砂浆，进一步修整圆滑。

（m）铺设种植土与装饰山石

（n）注水至水位线

向池内注水至设计水位线高度，形成景观效果。

钢筋混凝土驳岸施工

根据地势坡度，局部铺设种植土，厚度100～200 mm，并在驳岸处砌筑或放置装饰山石。

# 3.1.7　板柱式驳岸施工

此驳岸使用材料较广泛，一般可使用混凝土桩、板等砌筑。这种岸坡的岸壁较薄，不宜用于面积较大的水体，多适用于局部的驳岸处理。

板柱式驳岸造型统一，能根据设计需求制作成规整的直线形或曲线形驳岸，外观平整，适用于游泳池或景观浅水池的驳岸造型。

板柱式驳岸

采用切割机裁切厚 10 mm 的水泥板，根据设计需要确定尺寸。

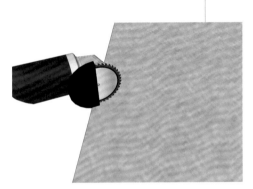

（a）切割模板

将裁切后的水泥板围合并钉接成模板造型，长 2000 mm，宽 1000 mm，厚 100 mm 左右，并在模板内涂刷脱模剂。

（b）围合模板

在模板内铺设钢筋网架，钢筋规格为 $\phi$ 10 mm，网架间距 150 mm 左右。

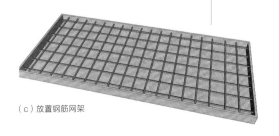

（c）放置钢筋网架

在钢筋网架中浇筑 C25 混凝土，混凝土浇筑厚 100 mm 左右。

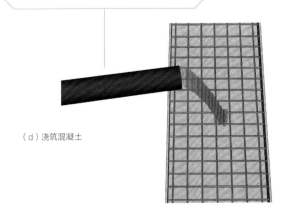

（d）浇筑混凝土

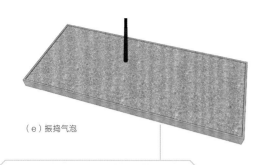

（e）振捣气泡

采用振捣棒在混凝土中振捣，捣出气泡，让混凝土更加密实。

（f）脱模备用

拆除模具，获得厚100 mm钢筋混凝土板。

（g）放线定位

根据设计要求，采用激光水平仪在地面放线定位，将钢筋插入标记位置，并拉出醒目的标记线。

（h）土方开挖

采用挖掘机开挖土层，开挖深度800 mm，并修整出水池围合造型。

（i）铺设碎石

在开挖地面区域铺设粒径30 mm的碎石，厚50 mm。

（j）浇筑混凝土

在碎石层上方浇筑C25混凝土，混凝土层厚50 mm左右。

（k）铺设混凝土板

在混凝土层上方铺设预制混凝土板，采用1∶2水泥砂浆粘贴平整。

（l）周边夯实

采用打夯机对周边驳岸护坡界面基础夯实。

（m）铺设碎石

（n）铺设钢筋网架与混凝土

（o）铺设防水卷材

在预制混凝土板上铺设粒径30 mm的碎石，厚50 mm。

在碎石层上方继续铺设钢筋网架，钢筋规格为 $\phi$12 mm，网架间距150 mm左右，并浇筑C25混凝土，混凝土层厚100 mm左右。

在混凝土界面上采用1：2水泥砂浆抹灰找平，并铺设聚氨酯防水卷材。

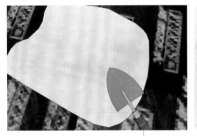

（p）水泥砂浆找平
板柱式驳岸施工

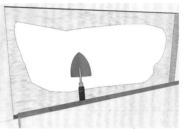

（q）铺贴钢筋混凝土板

（r）注水至水位线

在防水卷材表面涂抹1：2水泥砂浆，进一步修整。

采用石材黏结剂在找平界面上铺贴钢筋混凝土板。

向池内注水至设计水位线高度，形成景观效果。

# 3.1.8　塑石驳岸施工

这类驳岸用砖或钢丝网、混凝土等砌筑骨架，外抹（喷）仿石砂浆并模仿真实岩石，雕琢出形状和纹理，类似自然山石驳岸，整体感强，易同周边环境相协调。

塑石驳岸

塑石驳岸的围合性较好，具有良好的防水能力，可用于庭院水景工程的分隔。

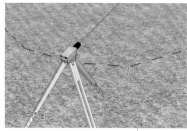

（a）放线定位

根据设计要求，采用激光水平仪在地面放线定位，将钢筋插入标记位置，并拉出醒目的标记线。

（b）地面开挖

采用挖掘机开挖土层，开挖深度 800 mm，并修整出水池围合造型。

（c）驳岸坡度整形

用铁锹配合，修整出水池围合造型与驳岸造型。

（d）驳岸基坑夯实

采用打夯机对基坑底部与周边驳岸护坡界面基础夯实。

（e）铺设钢筋网

在夯实界面的上方铺设钢筋网架，钢筋规格为 $\phi$12 mm，网架间距 150 mm 左右。

（f）钢筋网固定

采用电焊机将不同界面的钢筋网架焊接成整体，同时局部使用铁丝绑扎固定。

（g）浇筑混凝土

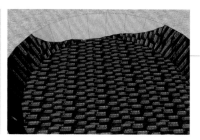

（h）铺设防水卷材

在混凝土浇筑界面上采用 1∶2 水泥砂浆抹灰平滑，并在找平层表面根据地势坡度铺设聚氨酯防水卷材。

在钢筋网架中浇筑 C25 混凝土，混凝土层厚 50 mm 左右。

（i）水泥砂浆抹灰找平

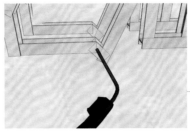

（j）制作钢架骨架

采用 40 mm 角型钢焊接成基础构架，并涂刷防锈漆 2 遍。

在防水卷材表面涂抹 1：2 水泥砂浆，进一步修整平滑。

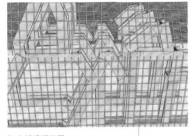

（k）铺设钢丝网

（l）喷涂混凝土

（m）水泥砂浆塑形

在焊接金属构筑物表面铺设钢丝网，塑造自然山石基础轮廓。

在钢丝网表面喷涂 C20 混凝土。

在混凝土基础表面继续涂抹 1：2 水泥砂浆，塑造成自然山石造型。

（n）喷涂真石漆

塑石驳岸施工

（o）水池底部铺设卵石

（p）注水至水位线

在水泥砂浆层表面喷涂真石漆。

在水池底部铺设粒径 30 ~ 80 mm 的卵石，厚 100 mm。

向池内注水至设计水位线高度，形成景观效果。

# 3.1.9　桩体驳岸施工

此类驳岸利用钢筋混凝土和掺色水泥砂浆塑造出竹林或树桩形状作为岸壁，一般设置在小型水面的局部或溪流的小桥边，别有一番情趣。

（a）整体效果　　　　　　　　　　　　　　　　（b）局部效果

桩体驳岸

采用杉木切割成型，置入驳岸土层中。在杉木围合内填充土壤与碎石，形成压力，能抵消水线上升后对驳岸的冲击力。

在杉木切割面涂刷保护漆，能防止杉木被腐蚀。

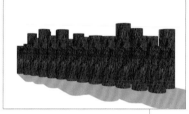

（a）杉木晾晒干　　　　　（b）测量尺寸　　　　　（c）裁切

选择形态完整挺直的杉木树干，树干规格 $\phi$100 ～ 150 mm，置于阳光下暴晒 3 ～ 7 天，使其脱水干燥。

根据设计需要测量杉木长度，做好标记，长度多为 800 ～ 1000 mm。

采用切割机根据标记裁切杉木。

（d）端头削尖　　　　　　（e）防腐处理　　　　　　（f）地面开挖槽

用斧头对杉木端头做削尖处理。

在杉木树干表面滚涂防腐涂料3遍。

采用挖掘机开挖土层，开挖深度600 ～ 800 mm，并修整出水池围合造型。

（g）基坑夯实

采用打夯机对基坑底部与周边驳岸护坡界面基础夯实。

（h）铺设碎石

在开挖地面区域铺设粒径 30 mm 的碎石，厚 50 mm。

（i）浇筑混凝土

在碎石层上方浇筑 C25 混凝土，混凝土层厚 50 mm 左右。

（j）置入杉木桩

在混凝土层中置入杉木桩，将削尖端头的杉木桩插入未完全干燥的混凝土层中，整齐排列。

（k）敲击严实

用橡皮锤敲击加固。

（l）周边土层夯实

采用打夯机对杉木桩外部基坑底部夯实。

（m）铺设种植土

桩体驳岸施工

在杉木桩内部地面铺设种植土，厚 200 mm。

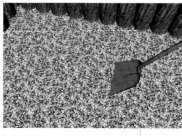

（n）铺设碎石

在种植土表面铺设粒径 10 ~ 15 mm 的碎石，厚 50 mm。

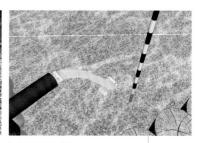

（o）注水至水位线

向池内注水至设计水位线高度，形成景观效果。

092

如果庭院坡岸并非陡直且不能采用岸壁直墙，则可使用其他各种材料与方式护坡。护坡的主要功能是防止滑坡，减少地面水和风浪的冲刷，保证岸坡的稳定。

# 3.2.1　护坡设计基础

 **护坡设计基本要求**

护坡设计有以下基本要求：

（1）具有较大孔隙。护岸上能够生长植物，可为生物提供栖息场所，并能借助植物的作用增加堤岸结构的稳定性。

（2）能渗透水。能够实现物质、养分、能量的交换，促进水汽的循环。

（3）造价较低。不需要长期的维护管理，具有自我修复的能力。

（4）材料柔性化。适应曲折的护坡线型，断面在常设水位以下的部分采用矩形或梯形断面，既实现了在常设水位时亲水活动的功能，又满足了防止水浪冲刷的要求。

植被护坡

台阶砌筑护坡

将乔木、灌木与水生绿植栽植至水边，形成密度较大的栽植区域，强化水池护坡土壤层的根系结构。

台阶砌筑砖石造型，铺设防腐木饰面，并在护坡上栽植地被植物，形成台阶状造型，提升护坡观赏效果。

# ❷ 护坡形态

对于人活动较少的区域,在满足水景工程功能的前提下,应减少人工治理痕迹,尽量保持天然水景面貌,使原有的生态系统不被破坏。所以在水景断面的选择上,应尽可能保持天然断面,或按复式断面、梯形断面、矩形断面的顺序进行选择。

护坡设计应避免断面单一化,不同的断面形态能使水流速度产生不同的变化,增加护坡换氧频率,从而提高水体中的含氧量,有利于改善生物的生存环境。例如,在浅滩的生态环境中,光热条件优越,适于形成湿地,可供鸟类、两栖动物和昆虫栖息;在积水的洼地中,鱼类和各类软体动物丰富,它们是肉食性候鸟的食物来源,鸟粪和鱼类尸体可使土壤肥沃,又能促进水生植物生长,水生植物又是植食性鸟类的食物,从而形成了有利于各种鸟类生长的食物链;在深潭的生态环境中,由于水温、阳光辐射、食物和含氧量会随水的深度变化而发生变化,所以容易形成水生物群落的分层现象。

山石护坡

护坡铺设混凝土,更大面积铺设散落的山石,强化水土基础的稳固性;山石缝隙生长植物,提升土层的根系构造与强度。

水景在建筑旁,且地势较低,可在整个护坡浇筑混凝土,将水流引入护坡中,形成全新的护坡水景。

混凝土护坡

将护坡构筑成台阶状,堆砌山石,并引入流水,从高到低形成有序的庭院景观。

山水植被护坡

# 3.2.2　混凝土护坡施工

混凝土护坡强度较高，一般用于大面积庭院水景护坡岸边，为了防止长期浸泡而产生开裂，一般要将护坡处理成带有装饰凹槽的形态。

混凝土基层处理要对地基的高度进行夯实，铺设 150 ～ 250 mm 碎石并压实，必要时需增加防水层，采用 C25 混凝土筑模浇筑，待干后使用 1 ：2 水泥砂浆抹面整平。混凝土护坡的制作要求较高，表面要平整光洁，还可以在表面继续铺设瓷砖、石材、马赛克等装饰材料。

（a）植被栽植

混凝土护坡

（b）水线构造

混凝土浇筑施工完毕后，栽植草坪植物，形成良好的亲水区域。

混凝土构筑物在水线下为凹槽结构，能聚集滑坡土石，打捞后铺撒到坡面上。

（a）基层清理

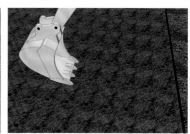

（b）测定水平线　　　　　（c）开挖土层

清理施工基础界面，将表面较大的山石搬离，并扫除尘渣。

根据设计要求，采用激光水平仪在地面放线定位，测定坡度与水平线。

采用挖掘机开挖土层，开挖深度 600 ～ 800 mm，并修整出围合坡度造型。

（d）基坑夯实

采用打夯机对基坑底部与周边驳岸护坡界面基础夯实。

（e）铺设碎石

在坡面各区域铺设粒径30 mm的碎石，厚50 mm。

（f）编制钢筋网架

在坡面碎石层上方铺设钢筋网架，钢筋规格为 $\phi$ 12 mm，网架间距150 mm左右。

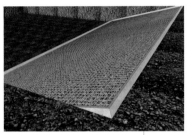

（g）安装模板

在钢筋网架周边围合浇筑模板，模板采用厚20 mm水泥板围合钉接，模板高度为150 mm，模板表面涂刷脱模剂。

（h）浇筑混凝土

在坡面上方浇筑C25混凝土，分阶段浇筑，混凝土层厚100～150 mm。

（i）拆除模板

混凝土浇筑完毕湿水养护28天后可拆除模板。

（j）水泥砂浆表面找平

混凝土护坡施工

在混凝土表面涂抹1：2水泥砂浆，进一步修整平滑。

（k）周边土层夯实

在栽植区的土层上采用打夯机夯实地面，形成稳固的基础。

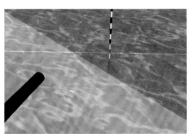

（l）注水至水位线

向池内注水至设计水位线高度，形成景观效果。

# 3.2.3 护坡砖护坡施工

护坡砖是最近几年常用的水景景观材料，砖体由高强度粉煤灰或混凝土加工而成。在高档庭院中，还可以特制天然护坡石材。

预先对坡岸基层夯实，铺撒100 mm厚的碎石，再将护坡砖按设计要求整齐地铺设。对于坡度较大的水景岸坡可以使用钢钉固定，铺设完毕后在砖体缝隙处填充卵石或植草。护坡砖制作后需要浇水养护10天左右才可以正常使用。

护坡砖护坡

（a）测定水平线

根据设计要求，采用激光水平仪在地面放线定位，测定坡度与水平线。

（b）坡面整平

采用铁锹、锄头等工具将坡面整平。

（c）基础夯实

采用打夯机夯实坡面，形成稳固的基础。

（d）铺设碎石

在坡面上各区域铺设粒径30 mm的碎石，厚50 mm。

（e）铺设钢筋网架

在坡面碎石层上方铺设钢筋网架，钢筋规格为 $\phi$ 12 mm，网架间距150 mm左右。

（f）浇筑混凝土

在钢筋网架周边围合浇筑模板，模板采用厚20 mm水泥板围合钉接，模板高度为150 mm，模板表面涂刷脱模剂，在坡面上方浇筑C25混凝土，分阶段浇筑，混凝土层厚100～150 mm。

（g）砌筑护坡砖

护坡砖护坡施工

（h）填充种植土

（i）注水至水位线

> 在混凝土层表面采用1：2水泥砂浆砌筑护坡砖。

> 在护坡砖间隙处填充种植土。

> 向池内注水至设计水位线高度，形成景观效果。

# 3.2.4  石笼护坡施工

石笼护坡是将蜂巢形网片组装成箱笼，并装入石头等填充料，之后码放成墙，用作河流护岸或支护结构。

> 单体石笼边长一般为300～600 mm，堆砌后能形成较陡峭的护坡角度，可成台阶状布置，形成亲水造型。石笼网片系热镀锌或者热镀锌铝合金低碳钢丝，可根据要求外涂树脂保护膜，经专用机器编织而成，视用途组装成所需的形状。

石笼护坡

（a）测定水平线

（b）坡面整平

> 采用铁锹、锄头等工具将坡面整平。

> 根据设计要求，采用激光水平仪在地面放线定位，测定坡度与水平线。

（c）基础夯实

（d）铺设碎石

采用 $\phi$ 10 mm 钢筋编制钢筋笼，或购置成品钢筋网架制作钢筋笼。

在坡面上各区域铺设粒径30 mm 的碎石，厚50 mm。

采用打夯机夯实坡面，形成稳固的基础。

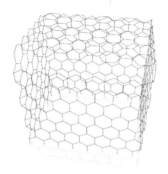

（e）编制钢筋笼

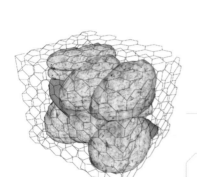

（f）钢筋笼中放山石

在钢筋笼内放置山石，填充完整，并将上部钢筋网架盖上封闭好。

将放置好山石的钢筋笼排列在台阶护坡上。

向池内注水至设计水位线高度，形成景观效果。

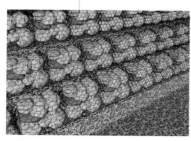

（g）铺设台阶造型
石笼护坡施工

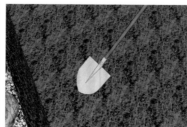

（h）填充种植土

（i）注水至水位线

在水线下基坑点填充种植土，厚200 mm。

# 3.2.5 块石护坡施工

在水流流速不大的情况下，块石可设置在砂层或砾石层上。如果只铺设单层块石，单层铺设的厚度为 200 ~ 300 mm，垫层可铺设厚 150 ~ 250 mm 的砾石或碎石。当水深大于 2 m 以上时，可铺设双层块石，每层铺设厚度仍为 200 ~ 300 mm，垫层可铺设厚 100 ~ 150 mm 的砾石或碎石。在我国南方气候温暖的地区，浅水坡岸缓且风浪不大，只需铺设单层块石即可。

块石护坡

坡石护坡需选用 180 ~ 250 mm 边长的石块，长宽比为 2：1 为佳。要求石料的比重大、吸水性小。块石护坡还应有足够的透水性，以降低土壤从护坡上面流失的体量，因此需要在石块下面设置倒滤层垫底，并在护坡的坡脚处设置挡板。

（a）测定水平线

根据设计要求，采用激光水平仪在地面放线定位，测定坡度与水平线。

（b）坡面整平

采用铁锹、锄头等工具将坡面整平。

（c）基础夯实

采用打夯机夯实坡面，形成稳固的基础。

（d）铺设碎石

在坡面与基坑底部各区域铺设粒径 30 mm 的碎石，厚 50 mm。

（e）砌筑山石

在坡面与驳岸上，采用 1：2 水泥砂浆砌筑山石。

（f）填塞碎石

在驳岸周边大山石之间的缝隙处与空白处填塞形体较小的山石，局部采用 1：2 水泥砂浆固定。

在水线下基坑点填充种植土，厚 200 mm。

向池内注水至设计水位线高度，形成景观效果。

（g）填充种植土

（h）注水至水位线

块石护坡施工

# 3.2.6　草皮护坡施工

此类护坡由低缓的草坡构成，坡岸土壤以轻亚黏土为佳。由于其护坡低浅，故能够很好地突出水体的坦荡辽阔，而且坡岸上青草绿茵，景色优美自然，风景效果很好。这种护坡在自然水体中的应用十分广泛。

草皮护坡

根据设计要求，采用激光水平仪在地面放线定位，测定坡度与水平线。

在坡面上直接种植草坪，可搭配水生植物。如果坡面较为陡峭，可钉入木桩来强化护坡效果。

（a）测定水平线

（b）坡面整平

（c）铺设种植土

采用铁锹、锄头等工具将坡面整平。

在坡面上直接铺设种植土，厚 200 mm。

（d）铺设草坪植被

（e）钉入杉木桩

（f）填充种植土

在种植土层表面铺设块状草坪植被。

在护坡中段、水位线高度以上，坡度陡峭的部位可钉入杉木桩，露出地面高度为 500 mm 左右，形成围合弧形造型。

在杉木桩围合造型内填充种植土，直至与杉木桩高度平齐。

在种植土层中栽植多种水生植物。

（g）栽植水生植物

草皮护坡施工

（h）注水至水位线

向池内注水至设计水位线高度，形成景观效果。

# 3.2.7　卵石护坡施工

卵石护坡是将大量的卵石、砾石与贝壳按一定的级配与层次堆积于斜坡的岸边，既可适应池水的涨落和冲刷，又可形成优美的自然风光，增加观赏效果。

卵石护坡

先在岸坡上砌筑台阶，台阶的围檐略高，围檐凹槽内铺设卵石。台阶数量为 1～3 阶，可根据水景面积来定。面积小且水位变化小的，砌筑 1 阶；面积大且水位变化大的，砌筑 3 阶。

（a）测定水平线

根据设计要求，采用激光水平仪在地面放线定位，测定坡度、台阶与水平线。

（b）台阶整平

采用铁锹、锄头等工具将台阶整平。

（c）基础夯实

采用打夯机夯实台阶，形成稳固的基础。

（d）铺设碎石

在台阶地面各区域铺设粒径30 mm的碎石，厚50 mm。

（e）砌筑围檐

在各级台阶外沿，采用1：2水泥砂浆砌筑成型的山石。

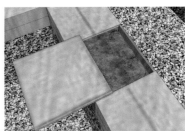

（f）铺贴饰面砖

采用素水泥浆在山石构筑物表面铺贴饰面砖。

在各级台阶间的凹槽内铺设粒径50～80 mm的碎石层，厚200 mm。

（g）填塞碎石
卵石护坡施工

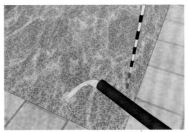

（h）注水至水位线

向池内注水至设计水位线高度，形成景观效果。

# 3.2.8　夯土护坡施工

夯土能防止泥土崩塌，要求土岸坡度不能太陡，面积较大，因此在小规模庭院中很少采用。如果庭院面积较大，处理得当，土岸也会呈现很好的效果。土岸周边芦苇丛生，有紫藤等植物舒展延伸于水面之上，既保护土岸，又增添山林景色，形成自然生动的观景效果，是一举两得的处理方式。

夯土护坡

> 在缓和的土岸坡上夯实土层，也可将径粒100 mm～300 mm的碎石铺设在土层表面再夯实，形成稳固的护坡基础。设计水线以下可铺设钢丝网并喷涂混凝土来强化护坡效果。

（a）测定水平线

> 根据设计要求，采用激光水平仪在地面放线定位，测定坡度与水平线，并对基础夯实。

（b）铺设碎石

> 在坡面各区域铺设粒径30 mm的碎石，厚50 mm。

（c）坡面夯实

> 采用打夯机夯实碎石层，形成稳固的基础。

> 在坡面碎石层的上方铺设钢筋网架，钢筋规格为 $\phi$ 12 mm，网架间距150 mm左右。

> 在坡面与底部钢筋网架上浇筑C25混凝土，分阶段浇筑，混凝土层厚100 mm。

（d）铺设钢丝网
夯土护坡施工

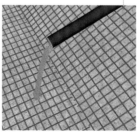

（e）喷涂混凝土

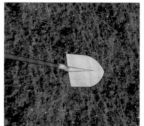

（f）铺设种植土

（g）注水至水位线

> 在坡面与底部铺设种植土，厚200～400 mm。

> 向池内注水至设计水位线高度，形成景观效果。

# 4 水体植物景观

**水体与植物**

▲ 在水池中砌筑树池，让普通植物也能在池中生长，形成良好的装饰造景效果。

## 🖐 本章导读

庭院水体给人明净、清澈、亲人、开怀的感受。水是庭院的血液、灵魂，古今中外的庭院，对于水体的表现都是非常重视的。水体植物是水景工程中的重要组成部分，在设计水景时要注意有机融合，最终形成完美、充实的水体植物景观。

# 水体植物设计

水体要与植物相互融合，孤立设计水景或设计植物都会显得单调乏味，水体与植物应当同时设计，相互衬托。

## 4.1.1 水体与植物的关系

水是构成景观的重要因素，在各种风格的住宅庭院中，水均有不可替代的作用。我国南北方的古典园林中，几乎无水不成园。西方的规则式园林同样重视水体，凡尔赛宫中令人叹为观止的运河及无数喷泉就是实例，园林水体可赏、可游。

庭院中的各类水体，无论其在园林中是主景、配景或小景，无一不借助植物来丰富水体的景观。淡绿透明的水色与简洁平静的水面是各种庭院景物的底色，与稚嫩的绿叶相互调和，与艳丽的鲜花形成对比，相映成趣。水中、水旁植物的姿态、色彩所形成的倒影，均加强了水体的美感，有的绚丽夺目、五彩缤纷，有的则幽静含蓄、色调柔和。

山石叠水与植物

山石景观中注入水体的设计较为简单，但是要融合植物就比较困难。亲水植物品种较少，可以选择在山石缝隙中栽植岩生植物，并在水景岸边栽植地被植物或小型乔木。

# 4.1.2　配置构图

## 色彩构图

　　碧绿清澈的水色，是调和庭院中各种植物色彩的底色，与水边的碧草和绿叶形成呼应，而水中蓝天、白云的倒影与绚丽的观花灌木和草本花卉形成色彩对比。色彩呼应与对比能丰富庭院景观的层次，在庭院的整体构图中凸显视觉重点，让色彩成为构图的重要组成元素。

## 线条构图

　　平直的水面通过搭配、种植各种不同外形及枝条的植物，可丰富线条构图。我国园林中的水边自古多种植垂柳，形成柔条拂水、湖上新春的景色。在水边种植落羽松、池杉、水杉及具有下垂气生根的小叶榕均能起到线条构图的作用。另外，水边植物栽植的具体方式，以及探向水面的枝条，或平伸，或斜展，或拱曲，在水面上都可以形成优美的线条。

　　在逆光角度下，水面可以呈现出高纯度蓝绿色，绿植与天空的倒影层次清晰，具有良好的色彩、明暗对比效果。

水面色彩与绿植倒影

　　鸡蛋花乔木具有较突出的树干特征，呈放射状，在浅水池中可以形成清晰的倒影。

树木枝干线条倒影

# 3. 透景与借景

水边植物的搭配与种植切忌等距种植及整形式修剪，以免失去应有的意向。栽植片林时，可留出透景线，利用树干、树冠以及对岸景点造景。一些姿态优美的树种，其倾向水面的枝、叶可被用作框架，以远处的景色为画，构成一幅美丽的画面。探向水面的枝、叶，尤其是水边的大乔木，在构图上可起到增加水面层次的作用，并且富有乐趣，园内外互为借景的设计也常通过植物的搭配与种植来完成。

在小型浅水池周边栽植灌木与地被植物，视线能越过植物看到远处池塘，将庭院的外部景色包容在庭院水景中，形成完美的借景构图。

小型浅水池绿化借景

# 4.1.3　驳岸植物配置

岸边植物的搭配与种植很重要，既能使山和水融为一体，又对水面空间的景观起着主导作用。驳岸按材料分有土岸、石岸、混凝土岸等，按形式分有自然式或规则式，自然式的土岸常在岸边打入树桩加固。我国住宅庭院中采用山石驳岸及混凝土驳岸居多。

# 1. 自然式土岸

岸边植物的搭配与种植最忌等距离，比如用同一树种、同样大小、甚至整形式修剪，又比如绕岸栽植一圈，应结合地形、道路、岸线亲自动手种植，有近有远，有疏有密，有断有续，曲折蜿蜒，自然有趣。为引导行人欣赏临水倒影，在岸边可植大量花灌木、树丛及姿态优美的孤立树，尤其是变色叶树种，一年四季呈现不同色彩。土岸常稍高出最高水面，站在岸边伸手可触及水面，便于游人亲水、嬉水。

自然式土岸以地被、草坪植物为主，在距离水岸 1000 mm 以上的位置可种植中小型灌木，形成团组状态，色彩搭配形成一定的对比效果，还可以搭配少量山石或山石雕塑来强化庭院景观。

自然式土岸

## 2. 规则式石岸

规则式的石岸线条生硬、枯燥，而柔软多变的植物枝条可弥补缺点。比如在规则式石岸边种植垂柳和南迎春，细长柔软的柳枝下垂至水面，圆拱形的南迎春枝条沿着笔直的石岸壁下垂至水面，可遮挡石岸的枯燥生硬。一些周长较大的规则式石岸很难被全部遮挡，只能用些花灌木和藤本植物，诸如夹竹桃、南迎春、地锦、薜荔等来进行局部遮挡，稍加改善，增加活泼气氛。

## 3. 自然式石岸

自然式的石岸线条丰富，怡人的植物线条及色彩可增添景色与趣味。岸石有美有丑，植物在搭配与种植时要注意露美和遮丑，必要时还需要对自然山石进行简单修整，可以根据自然名胜景点的山石样式刻意打造出类似造型。

规则式石岸是指在水池边砌筑或浇筑混凝土。规则式石岸在形态上具有一定的秩序感，能在山石的缝隙处栽植绿化。

规则式石岸

自然式石岸是指土石结合的构筑物，有山石的部位可供踩踏，无山石的部位可种植各种绿化，以地被植物、灌木为主。

自然式石岸

# 4.1.4　水边植物配置

　　水边绿化树种首先要具备一定的耐水湿能力，另外还要符合设计意图中的美化要求。我国常见水边植物有以下品种。

## 水边植物品种与特性

| 名称 | 图例 | 特性 | 应用 |
|---|---|---|---|
| 水松 | | 柏科，水松属，乔木，高可达 25 m；树皮纵裂成不规则的长条片，树干有扭纹；枝条稀疏，大枝近平展，1～2月开花，秋后球果成熟 | 可栽于河边、堤旁，作固堤护岸和防风之用；树形优美，可作庭院树种 |
| 蒲桃 | | 桃金娘科，蒲桃属，木本植物，高 10 m；主干极短，广分枝，小枝圆形；叶片为披针形或长圆形；有花数朵，为绿白色，花蕾为梨形，顶端圆；果实为球形，成熟时为黄色，花期3～4月，果期5～6月成熟 | 耐水湿，喜暖热气候，喜光，耐旱瘠和高温干旱，对土壤要求不严，根系发达、生长迅速、适应性强；以肥沃、深厚和湿润的土壤为最佳 |
| 小叶榕 | | 桑科，榕属，又名雅榕，乔木，高 15～20m；树皮深灰色，有皮孔；小枝粗壮，无毛；叶狭椭圆形，长 50～100 mm，宽 15～40 mm；榕果无总梗或不超过0.5mm；花果期3～6月 | 喜阳，喜暖热多雨气候及酸性土；耐湿，抗风，生于海拔 800～2000 m 的密林中或村寨附近；用播种或扦插繁殖 |
| 高山榕 | | 桑科，榕属，大乔木，高 25～30 m；树皮灰色，平滑；幼枝绿色，粗约10 mm，被微柔毛；高山榕为阳性树种，四季常绿，树冠广阔，树姿丰满壮观 | 耐干旱瘠薄，又能抵抗强风；抗大气污染，且移栽容易成活，是极好的城市绿化树种；为盆景制作的首选材料 |
| 水翁 | | 桃金娘科，蒲桃属，乔木，高可达 15 m；树皮灰褐色，树干多分枝；浆果阔卵圆形，成熟时紫黑色；花期5～6月，果期8～9月；终年常绿，树冠浓密，生长快 | 喜生水边，适于庭院、公园近水边种植；可作为绿荫树和风景树，也可作固堤树种 |
| 红花羊蹄甲 | | 豆科，羊蹄甲属，乔木，高 7～10 m；树皮厚，近光滑，呈灰色至暗褐色；叶革质，长圆形，长 85～130 mm；花蕾纺锤形，花瓣红紫色；花期3～4月；树冠开展，花大而美丽 | 喜温暖、湿润、多雨的气候；在广州及其他华南城市常作行道树及庭院风景树 |

| 名称 | 图例 | 特性 | 应用 |
|---|---|---|---|
| 木麻黄 | | 木麻黄科，木麻黄属，乔木，高可达 30 m；树皮暗褐色，皮孔密集排列为条状或块状，树干通直，小枝细长，为灰绿色；果序为椭圆形球果状；花期 4～5 月，果期 7～10 月 | 喜高温多湿，沙地和海滨地区均可栽植；可用作行道树，还可与相思树、银合欢等混交作风景林 |
| 椰子 | | 棕榈科，椰子属，乔木状，高 15～30 m；茎粗壮，常有簇生小根；叶羽状全裂，长 3～4 m，果卵球状或近球形，长约 150～250 mm，果腔含有胚乳胚和汁液；花果期主要在秋季 | 喜阳光照射，是优良的园林树木；可作为行道树、风景树木以及反映热带、亚热带风光的庭院树木等 |
| 蒲葵 | | 棕榈科，蒲葵属，乔木状，高 5～20 m；叶为扇形，两面均为绿色，叶柄有淡褐色短刺；花小，是两性花，颜色为黄绿色；果实为椭圆形，黑褐色；花果期 3～6 月；四季常青，树冠伞形 | 喜温暖湿润的气候条件，不耐旱；在温暖地区适宜在庭院绿化布置中作行道树、风景树，寒冷地区可作室内盆栽观赏 |
| 落羽杉 | | 柏科，羽杉属，落叶乔木，高可达 50 m，胸径可达 2 m；树皮棕色，裂成长条片，树干尖削度大；叶条形，长 10～15 mm；球果成熟时淡褐黄色，被白粉；花期 3 月，果期 10 月；树形优美，羽毛状的叶丛秀丽 | 喜阳光，耐低温、干旱，适应性强；可种于河边、宅旁或作行道树 |
| 池杉 | | 柏科，落羽杉属，高可达 25 m；树皮褐色，纵裂，成长条片脱落，树干基部膨大，枝条向上伸展；叶钻形，微内曲，长 4～10 mm；球果圆球形或矩圆状球形，成熟时褐黄色，长 20～40 mm；花期 3～4 月，球果 10 月成熟 | 不耐庇荫，可在河边或低洼水网地区种植；或在园林中作孤植、丛植、片植配置，亦可列植作行道树 |
| 水杉 | | 柏科，水杉属，乔木，高可达 35 m，胸径达 2.5 m；树皮灰褐色，树干基部常膨大；叶色为绿，呈羽状，扁平且有绒毛；球果下垂，成熟时深褐色，近四棱状球形，长 18～25 mm；花期 4～5 月，果期 10～11 月 | 喜温暖湿润，不耐贫瘠干旱，适于列植；可用于堤岸、湖滨、池畔、庭院等绿化，也可盆栽，也可成片栽植营造风景林，并适配常绿地被植物 |
| 大叶柳 | | 杨柳科，柳属，灌木；枝紫红，叶革质，呈椭圆形，长达 200 mm，宽达 110 mm；花叶同放，花丝无毛，花穗呈红黄色；蒴果卵状椭圆形，长 5 mm；花期 5～6 月，果期 6～7 月；树姿秀丽，冠大荫浓 | 喜温暖潮湿、雨量少、气温较低的环境；可作行道树和庭荫树 |
| 垂柳 | | 杨柳科，柳属，乔木，高 12～18 m；树皮灰黑色，不规则开裂；枝细下垂，呈淡褐黄色；叶狭披针形，长 90～160 mm；花序先叶开放，花药红黄色；蒴果长 3～4 mm，带绿黄色；花期 3～4 月，果期 4～5 月 | 喜光，喜温暖湿润气候；宜配植在水边，比如桥头、池畔、河流、湖泊等水系沿岸处；也可作庭荫树、行道树、公路树，亦适用于工厂绿化 |

| 名称 | 图例 | 特性 | 应用 |
|------|------|------|------|
| 旱柳 | | 杨柳科，柳属，乔木，高可达 20 m；树皮暗灰黑色，有裂沟；枝细长，直立或斜展，浅褐黄色或带绿色，后变褐色，无毛；叶披针形，长 50 ~ 100 mm；花药卵形，黄色；果序长达 20 mm；花期 4 月，果期 4 ~ 5 月 | 喜光，耐寒，常栽培在河湖岸边或孤植于草坪、对植于建筑两旁，亦用作公路树、防护林及沙荒造林 |
| 桤木 | | 桦木科，桤木属，乔木，高可达 30 ~ 40 m；树皮灰色，平滑；枝条灰色或灰褐色，无毛；小枝褐色，无毛或幼时被淡褐色短柔毛；叶倒卵形，长 40 ~ 140 mm，上面疏生腺点；花期 4 ~ 5 月，果期 8 ~ 9 月 | 喜光，喜温暖气候；能固沙保土，增加土肥力；植于河滩、溪沟两边及低湿地，是河岸护堤和水湿地区重要造林树种；亦可作生态防护林 |
| 乌桕 | | 大戟科，乌桕属，乔木，高可达 15 m；树皮暗灰色，有纵裂纹，枝广展，具皮孔；叶纸质，菱形；花单性，雌雄同株，聚集成顶生、长 60 ~ 120 mm 的总状花序；蒴果梨状球形，成熟时黑色，直径 10 ~ 15 mm；花期 4 ~ 8 月 | 能耐间歇或短期水淹，对土壤适应性较强；可孤植、丛植于草坪和湖畔、池边；在园林绿化中可栽作护堤树、庭荫树及行道树；能产生良好的造景效果 |
| 苦楝 | | 楝科，楝属，乔木，高可达 10 m；树皮灰褐色，纵裂，分枝广展；叶为羽状复叶，长 200 ~ 400 mm；圆锥花序约与叶等长，花芳香，花瓣淡紫色，倒卵状匙形，长约 10 mm；核果球形至椭圆形，长 10 ~ 20 mm，种子椭圆形；花期 4 ~ 5 月，果期 10 ~ 12 月 | 喜温暖湿润气候，耐寒，适宜作庭荫树和行道树；与其他树种混栽，能起到对树木虫害的防治作用；在草坪中孤植、丛植或配植于建筑物旁都很合适；也可种植于水边、山坡、墙角等处 |
| 悬铃木 | | 悬铃木科，悬铃木属，落叶大乔木，高可达 35 m；树皮光滑，呈片状脱落；叶阔卵形，长 100 ~ 240 mm；花序球形，通常两个生一串上，花雌雄同株，花瓣呈匙形；果枝有头状果序 1 ~ 2 个，常下垂；花期 4 ~ 5 月，果期 9 ~ 10 月 | 喜光，不耐阴，对土壤要求不严，是优良的行道树种；广泛应用于城市绿化，在园林中孤植于草坪或旷地，列植于甬道两旁；能吸收有害气体，作为街坊、厂矿绿化树种颇为合适 |
| 枫香 | | 蕈树科，枫香树属，落叶乔木，高可达 30 m；树皮灰褐色，方块状剥落；芽体干后棕黑色，有光泽；叶薄革质，阔卵形；短穗状雄花序多个组成总状，花丝不等长；果序球形，种子多褐色；花期 3 ~ 4 月，果期 10 月 | 性喜阳光，多生于平地；可以改善生长地的土地质量，净化空气，保障生态环境的稳定；在城市规划中可以起到美化环境的作用 |
| 枫杨 | | 胡桃科、枫杨属植物，大乔木，高可达 30 m；幼树树皮平滑，叶为羽状复叶，长 80 ~ 160 mm；果实长椭圆形，长约 60 ~ 70 mm；花期 4 ~ 5 月，果期 8 ~ 9 月 | 喜光，不耐庇荫；树形优美，枝叶茂盛；果实极具观赏性，俏丽可人，是庭荫树的佳选 |

| 名称 | 图例 | 特性 | 应用 |
|---|---|---|---|
| 三角槭 | | 无患子科，槭属，落叶乔木，高 5 ~ 10 m；树皮褐色或深褐色，叶子裂片向前伸；秋叶呈暗红色或橙色；花常成被短柔毛的伞房花序，直径约 30 mm；花期 4 月，果期 8 月 | 喜光，稍耐阴，喜温暖湿润气候；耐修剪，宜作庭荫树、行道树及护岸树，也可栽作绿篱 |
| 重阳木 | | 叶下珠科，秋枫属，落叶乔木，高达 15 m；树皮褐色，全株光滑无毛；叶片长圆卵形，花小，淡绿色；果实成熟时红褐色；花期 4 ~ 5 月，果期 10 ~ 11 月 | 喜光，耐旱，可作为庭荫和行道树种；用于堤岸、溪边、湖畔和草坪周围，作为点缀树种 |
| 柿 | | 柿科，柿属，乔木，高 10 ~ 14 m；其叶呈椭圆形或近圆形，长 50 ~ 180 mm，花雌雄蕊异株；果形有球形或扁球形，果肉呈橙红色或大红色；花期 5 ~ 6 月，果期 9 ~ 10 月 | 喜温暖气候，叶大荫浓；可给庭院增添优美景色，是优良的风景树 |
| 榔榆 | | 榆科，榆属，落叶乔木，高可达 25 m；树皮灰或灰褐色，成不规则鳞状；一年生枝密被短柔毛，叶披针状卵形或窄椭圆形；秋季开花，成簇状聚伞花序；花果期 8 ~ 10 月 | 喜光，喜温暖湿润气候；是良好的观赏树及工厂绿化树种；常孤植成景，适宜种植于池畔、亭榭附近，为制作盆景的好材料 |
| 桑 | | 桑科，桑属，落叶乔木，高 3 ~ 10 m 或更高；树皮厚，呈黄褐色；叶子呈椭圆形，边缘有粗锯齿，花朵成簇开放，淡黄色，果实较小，呈圆球形；花期 4 ~ 6 月，果期 7 ~ 8 月。 | 耐旱，不耐涝，适应性强；能抗烟尘及有毒气体，适用于城市、工矿区及农村绿化，为良好的绿化及经济树种 |
| 柘 | | 桑科，橙桑属，落叶灌木，高 1 ~ 7 m；树皮灰褐色，小枝无毛有棘刺；叶片卵形或菱状卵形；雌雄异株，聚花果近球形，肉质；成熟时橘红色，花期 5 ~ 6 月，果期 6 ~ 7 月 | 喜光，适应性强，耐干旱瘠薄；可以用作绿篱、刺篱；可防止水土流失，也是工厂绿化的常用树种 |
| 梨属 | | 蔷薇目、蔷薇科的一个属，落叶乔木或灌木；枝头有时具针刺，花先于叶开放，伞形总状花序，花瓣白色，花药通常为深红色或紫色；果实为梨果，种子黑色 | 对土壤要求不严，偏爱排水良好的沙质土壤；宜于住所观赏，适作庭院栽培，制作盆栽盆景 |

| 名称 | 图例 | 特性 | 应用 |
|---|---|---|---|
| 白蜡 | | 木樨科，梣属，乔木，高可达 12 m；小枝黄褐色，奇数羽状复叶，叶片革质，椭圆形或椭圆状卵形，长 110 ~ 210 mm；花梗纤细，无花瓣；花期 4 ~ 5 月，果期 7 ~ 9 月 | 喜暖，喜光照充足，庄重典雅；可净化空气，是优良的行道树和遮阴树；可用于湖岸绿化和工矿区绿化 |
| 海棠 | | 蔷薇科，苹果属，乔木，高可达 8 m；小枝粗壮，叶片椭圆形，长 50 ~ 80 mm；花直径 40 ~ 50 mm，花瓣卵形，开放后呈白色，果实黄色；花期 4 ~ 5 月，果期 8 ~ 9 月 | 喜阳光，耐半阴耐寒，是制作盆景的材料，可供装饰之用；对二氧化硫有较强的抗性；适用于城市街道绿地和矿区绿化 |
| 香樟 | | 樟科，樟属，常绿大乔木，高可达 50 m；树皮黄褐色，有不规则的纵裂；叶呈卵状椭圆形，有光泽；圆锥花序腋生，长 35 ~ 70 mm，花绿白或带黄色；卵球形或近球形，直径6 ~ 8 mm，紫黑色；花期 4 ~ 5 月，果期 8 ~ 11 月 | 喜光，稍耐阴，有很强的吸烟滞尘、固土防沙和美化环境的能力；冠大荫浓，树姿雄伟，是城市绿化的优良树种之一 |
| 棕榈 | | 棕榈科，棕榈属，常绿乔木，高 3 ~ 10 m；树干圆柱形，叶片近圆形，叶柄具细圆齿；花序粗壮，黄绿色，花瓣卵状近圆形，果实阔肾形，成熟时由黄色变为淡蓝色；花期 4 月，果期 12 月 | 喜温暖湿润，极耐寒耐旱，适应性强，抗多种有毒气体；可列植、丛植或成片栽植，也常用盆栽或桶栽，作室内或建筑前装饰及布置会场之用 |
| 无患子 | | 无患子科，无患子属，落叶大乔木，高可达 20 m；树皮灰褐色或黑褐色，叶片薄纸质，长椭圆状披针形，长 70 ~ 150 mm；晚春开淡黄色小花；果的发育分果片近球形，直径 20 ~ 25 mm，橙黄色；花期春季，果期夏秋 | 喜光，稍耐阴，耐寒能力较强；有着优异的水土保持能力，具有很好的观叶、观果效果 |
| 蔷薇 | | 蔷薇科，蔷薇属，落叶灌木；形态上或直立，或攀缘，或蔓生；枝干上有皮刺叶，花朵单生或者在顶端丛生，有红色、白色、粉色等多种颜色；果实是接近红颜色的球形，花期为 5 ~ 6 月 | 喜阳光，亦耐半阴，较耐寒，是观赏花，可依架攀附成各种形态，宜布置于花架、花格、辕门、花墙等处，亦可控制成小灌木状，培育作盆花 |

| 名称 | 图例 | 特性 | 应用 |
|---|---|---|---|
| 紫藤 | | 豆科，紫藤属，落叶藤本；茎左旋，小叶纸质，呈卵状椭圆形或卵状披针形，长 50 ～ 80 mm；花梗细，花冠紫色，荚果倒披针形，长 100 ～ 150 mm；种子呈褐色，扁圆形，具有光泽；花期 4 ～ 5 月，果期 5 ～ 8 月 | 长寿，一般依附支撑物攀缘而上，宜作棚架、门廊、枯树、山石的绿化材料；也可修剪成灌木状，植于草坪、溪水边、岩石旁；还可用于盆栽 |
| 南迎春 | | 别名野迎春，木樨科，素馨属，常绿亚灌木植物；枝条下垂，小枝无毛；叶对生，两面无毛，叶缘反卷，单叶长 30 ～ 50 mm；花萼钟状，花冠黄色，漏斗状；果椭圆形；花期 11 月至翌年 8 月，果期 3 ～ 5 月 | 喜温暖湿润和充足阳光，怕严寒和积水，稍耐阴；盆景造型以修剪为主，也可采用借物绑缚式造型；可植于堤岸、台地，观赏价值较高 |
| 连翘 | | 木樨科，连翘属，灌木；枝开展或下垂，棕色或淡黄褐色；叶通常为单叶，叶片呈卵形或椭圆形，先端锐尖，长 20 ～ 100 mm；花通常单生或 2 至数朵着生于叶腋，花萼绿色，花冠黄色，裂片呈长圆形；果呈卵球形；花期 3 ～ 4 月，果期 7 ～ 9 月 | 喜光，喜温暖湿润，有一定程度的耐阴性，是早春优良观花灌木；适宜于宅旁、亭阶、墙隅、篱下与路边配植；也宜于溪边、池畔、岩石、假山下栽种；因根系发达，可作花篱或护堤树栽植 |
| 夹竹桃 | | 夹竹桃科，夹竹桃属，常绿直立大灌木；枝条灰绿色，含水液；叶片长 110 ～ 150 mm，叶面深绿、无毛，叶背浅绿色、有多数坑洼的小点；花集中生在枝条的顶端，花冠粉红至深红或白色；种子长圆形，褐色；花期 6 ～ 10 月 | 喜温暖湿润，耐寒力不强；有抗烟雾、抗灰尘、抗毒物和净化环境的能力；观赏价值高，适合在公园、绿地、草坪边缘、道路绿化带群植，也可作盆栽观赏植物 |
| 圆柏 | | 柏科，刺柏属，常绿乔木，高可达 20 m；树冠整齐，茎树皮深灰色，成条片开裂；幼树的枝条通常斜上伸展，刺叶生于幼树之上，壮龄树兼有刺叶与鳞叶；花雌雄异株，雄球花黄色，椭圆形；球果近圆球形，种子卵圆形，扁，顶端钝；花期 4 月，果期翌年 11 月 | 喜光，较耐荫，喜温凉、温暖气候；可以独树成景，可以群植草坪边缘作背景，或丛植于树丛的边缘、建筑附近，可作绿篱、行道树；还可以作桩景、盆景材料 |
| 丝棉木 | | 别名白杜，卫矛科，卫矛属，落叶小乔木，高可达 6 m；树冠卵形或卵圆形，小枝圆柱形，叶呈卵状椭圆形，长 4 ～ 8 mm，边缘具细锯齿；花淡白绿或黄绿色，花瓣长圆状倒卵形；蒴果倒圆心形，成熟时粉红色；种子棕黄色，长椭圆形；花期 5 ～ 6 月，果期 8 ～ 10 月 | 喜光、耐寒、耐水湿；对二氧化硫和氯气等有害气体抗性较强；宜植于林缘、草坪、路旁、湖边及溪畔；园林中无论孤植，还是栽于行道，皆有风韵 |

## 水生、水际及沼生植物的种植

水生植物种于盆或其他容器中，沉入水底。深度可由池底砖墩、混凝土墩的高度来调节，也可在池底设置种植床栽种。水际植物多生长在湿土层至水深 150 mm 的浅水中，可直接种于水景庭院的土壤中，也可种在水池留出的种植物台中或种植器中。沼生植物直接种于沼泽园中。

水面景观应低于人的视线，与水边景观相呼应，水面的植物与水中的倒影相互辉映，犹如一幅优美的水面画作。如果岸边有亭、台、楼、阁、榭、塔等庭院建筑，或种植有姿态优美、色彩艳丽的观花、观叶树种，则水中植物的搭配与种植切忌杂乱无序，必须予以控制，留出足够空旷的水面来展示倒影。

# 4.2　小型水景园

小型水景园应用于较小的环境，用一池清水来扩大空间，打破阴郁闭塞的环境，创造出自然活泼的景观。

# 4.2.1　小型水景园设计

近年来小型水景园得到广泛应用，在庭院局部、屋顶花园、居住小区花园、街头绿地都有建造。但是多以传统技法，大多做成堆叠假山的山水园，或采用瀑布、喷泉等水景，外形也较简单，很少由丰富多彩的水生植物组成水景。小型水景园除了几何形，多半为自由曲线造型，驳岸常用混凝土、仿树桩，或卵石、山石等，一般高出水面 400 mm 左右。

小型水景园平池静水，花草熠熠的景观比假山更具审美性。我国植物资源丰富，不乏水中、水际、沼生、湿生植物种类。此外，也可用金鱼、蛙类、蜗牛、贝类等动物来丰富水景。如果采用衬池及预制水池，则为缺乏施工技术的非专业人员提供了方便。小型水景园在建造上有沉池、台池之分。沉池水浅池平，亲水感强；台池本身是景点的核心，可吸引人们的视线。

小型水景园

以景观池为核心，在水池的周边布置人造山石，搭配池中喷泉与周边绿植,形成簇拥环绕造型的水景园。

保持浅水池水面平静，周边驳岸为规整形态，同时整齐种植小型灌木，以水面反射呈现的光影效果为主要景观。

将山石、草坪、地被、灌木等景观元素综合布置在水景园周边，形成丰富的环绕装饰效果。

镜面景观池水景园

小型生态水景园

在庭院一角设计小型水景园，将假山石组合后雕饰成型，形成微缩人文景观场景，搭配池中流水表现出逼真的视觉效果。

（a）水景园整体效果

主题造景为真实的流水，水流从上向下叠级而落，溅起丰富的水花。

在山石间栽植苔类植物，点缀绿色，与山石质感搭配互补。

（b）主景流水

（c）山石绿化

（d）人物微缩模型

小型水景园景观细节

（e）桥梁微缩模型

（f）流水滴落

适当摆放人物微缩模型，融入人文氛围。

增加桥梁微缩模型，与人物微缩模型搭配，模仿出真实场景。

水流形成水幕后落在水池中，水花微小，保持水面平静。

# 4.2.2 盆池施工

盆池是一种投资少的水池，适宜用在屋顶花园或小庭院中。盆池可种植观赏植物，比如碗莲、千屈菜等，也可饲养水中鱼虫，常置于阳台、天井或室内阳面窗台。木桶、瓷缸都可作为盆池，甚至只要能盛下深度为 300 mm 水的容器都可作为一个小盆池。

下面介绍一种盆池水景园的施工方法。

盆池水景园

将山石加工成容器造型，周边铺设卵石与种植土，可种植多肉与岩生植物，形成微型水景园。

盆池组合水景园

购置成品山石水盆，搭建后形成高低错落的形态，周边地面铺设卵石装点，池中种植水生植物，周边种植攀缘植物，形成密集紧凑的绿化效果。

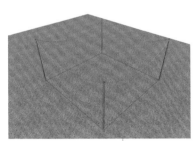

（a）地面放线定位

根据设计要求，在地面放线定位，在地面标记位置并插上标杆。

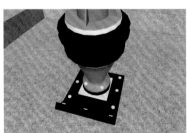

（b）基础夯实

采用打夯机夯实台阶，形成稳固的基础。

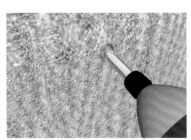

（c）石盆钻孔加工

选择大小合适的石盆，采用电钻在石盆底部、侧部钻孔，先采用 $\phi$ 8 mm 钻头钻小孔，以小孔为定位孔，再采用 $\phi$ 40 mm 石材专用钻头钻给水排水大孔。

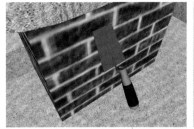

（d）砌筑石盆

采用 1 ： 2 水泥砂浆与轻质砖，砌筑基础底座，在底座上砌筑石盆。

（e）盆中置入潜水泵

在下部石盆中放置潜水泵。

（f）穿出水管与电线

采用 φ 32 mm 软质 PVC 管穿出石盆。

（g）上盆安装给水管

继续在石盆上部钻孔，并连通下部石盆引出水管。

（h）上盆安装排水管

在石盆上部侧壁钻孔并安装竹质装饰排水管。

（i）安装竹质给水件

在石盆上部安装竹质装饰给水件。

（j）地面铺设碎石

盆池组合水景园施工

在夯实地面的基础上铺设粒径 30 mm 的碎石，厚 50 mm。

（k）铺种植土

在碎石层上铺种植土，厚 200 mm。

（l）注水并接通电源

给石盆注水并接通潜水泵电源，形成动态水景效果。

# 4.2.3　预制水池施工

预制水池是随着现代工艺和材料的发展出现的。预制水池使用方便，材料多为石材、玻璃纤维或塑料。这类水池形状各异，且常设计成可种植水际植物的壁架。安装时只需在地面挖一个与其外形、大小相似的穴，去掉石块等尖锐物，再用湿的泥炭或砂土铺底，并将水池水平填入即可。

预制水池便于移动，养护简单，使用寿命长。用玻璃纤维预制的水池，若养护好可使用数十年，缺点是体量有一定的限制，并且由于是有规模的成批生产，不能随意设计外形。

下面介绍一种预制水池水景园的施工方法。

预制水池水景园

根据购置的预制容器来制作水池，多用于局部或狭长的水池构造，安装简便快捷。

购置或定制的成品水池，多为复合混凝土材质或亚克力材质。

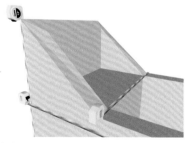

（a）购置成品水池

根据设计要求，在地面放线定位，在地面标记位置并插上标杆。

（b）放线定位

在地面开挖基坑，深 600 mm 左右，长、宽则根据成品水池设定。

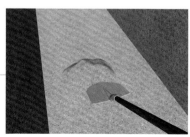

（c）开挖基坑

采用打夯机夯实基坑底部，形成稳固的基础。

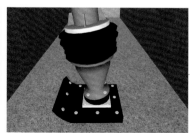

（d）基坑夯实

（e）铺设碎石并找平

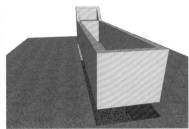

（f）安装成品池

（g）填塞混凝土

在基坑底部铺设粒径 30 mm 的碎石，厚 50 mm，并采用1：2水泥砂浆找平。

将成品水池放置到基坑中，保持平稳状态。

在水池外侧与基坑内壁之间浇筑C20混凝土。

在水池内采用1：2水泥砂浆砌筑汀步并对表面抹灰找平。

在混凝土填塞边缘缝隙表面涂刷防水剂。

在水池内侧安装照明灯具。

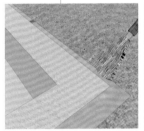

（h）边缘缝隙防水

（i）池内砌筑汀步

（j）铺设外部装饰砖石

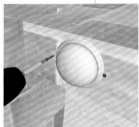

（k）安装照明灯具

采用瓷砖胶在水池内外铺贴装饰砖石。

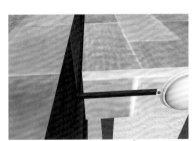

（l）沿池壁布置电线

预制水池水景园施工

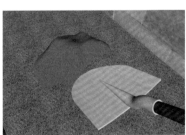

（m）池底布置种植土

（n）注水并接通电源

在聚氯乙烯衬布上方继续铺装丁基橡胶衬布，并压实压平。

在水池内铺种植土，厚 200 mm。

给水池注水，接通电源，并栽植水生植物，形成景观效果。

# 4.2.4　衬池施工

衬池是由一种衬物制成的,其体量及外形的限制较小,可以自行设计。衬物以耐用、柔软、具有伸缩性、能适合各种形状的材料为佳,大多由聚乙烯、聚氯乙烯、尼龙织韧、丁基橡胶等制成。

如果需要自然式围边,可选用自然山石驳岸。各种衬物的优缺点不一,聚氯乙烯和丁基橡胶寿命较长,聚乙烯在水位以上部分易因紫外光的照射而缩短其寿命,其他种类对紫外光抗性都较强,可使用许多年。衬池材料有各种颜色,灰色、黑色及各种自然色都可应用,但是蓝色尤其是浅蓝色应避免使用,其在水下的部分,藻类易附着于上生长,同时与植物色彩也不协调。衬池材料最忌刺破、割破,丁基橡胶和聚氯乙烯虽可修补,但聚乙烯很难修补。若衬池材料保养得好,可用10年左右。

下面介绍一种衬池水景园的施工方法。

衬池水景园

制作衬池前应先设计形状,放线开挖,为适合不同水生、水际植物的种植深度,池底以深浅不同的台阶状为宜。挖后要仔细剔除池底、池壁上凸出的尖硬物体,再铺上湿沙,以防损坏衬池材料。用具有伸缩性的衬池材料铺设时,周围可先用重物压住,然后注水于上,借助水的重量使衬池材料平整地铺于池底各层。最后在池周围用砖或混凝土预制块砌筑,固定衬池材料,将露在外面的多余部分沿边整齐地剪掉即可。

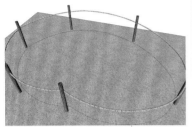

（a）放线定位

根据设计要求，在地面放线定位，在地面标记位置并插上标杆。

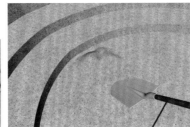

（b）开挖基坑

在地面开挖基坑，深 600 mm 左右，整理好坡度造型。

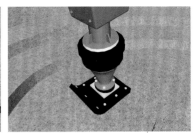

（c）基坑夯实

采用打夯机夯实基坑底部，形成稳固的基础。

（d）铺设湿砂

在夯实基坑的基础上铺设湿砂，厚 50 mm 左右，表面铺设整理至平滑。

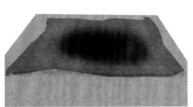

（e）铺设聚氯乙烯衬布

在湿砂层上铺设聚氯乙烯衬布，与底部湿砂层贴合。

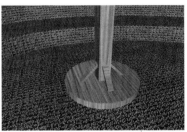

（f）底部压实

采用厚 20 mm 胶合板与木方组合制作压板，将聚氯乙烯衬布压实压平。

选用形态不一的山石铺设在池底聚氯乙烯衬布的上方进行压底。

采用 1 ∶ 2 水泥砂浆在大山石的缝隙处砌筑填塞小卵石。

（g）铺设丁基橡胶衬布

（h）山石压底

（i）山石砌筑池体边缘

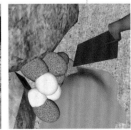

（j）池体边缘填塞小卵石

在夯实基坑底部上铺设湿砂，厚 50 mm 左右，表面铺设整理至平滑。

在池体边缘采用 1 ∶ 2 水泥砂浆砌筑山石。

在池体边缘外侧铺设种植土，填塞山石砌筑缝隙与内凹构造。

（k）池体边缘铺设种植土　　　（l）池底铺种植土

在池底均匀铺设种植土，厚 200mm 左右。

对池内注水，并栽植水生植物，形成景观效果。

（m）注水

衬池水景园施工

# 4.2.5　混凝土池施工

混凝土池最常见也最耐用，可按设计要求做成各种形状及各种颜色。混凝土池壁可上色，应在最后一层砌筑的混凝土中放入颜料。红色常用铁氧化物，深绿色常用铬氧化物，蓝色的为钴蓝，黑色的为锰黑，白色的为白水泥。

下面介绍一种混凝土池水景园的施工方法。

将水泥、砂按比例与适当的防水剂混合后，加水拌匀备用。在池底铺设钢筋网，浇筑 150 mm 厚的混凝土，把表面找平。对于坡度大或垂直池壁的整形式水池，应在砌筑池壁时用模板。直线形池壁用木板或硬质纤维板；曲线形池壁用胶合板或其他强度合适的材料，弯成所需形状后再用。为使池面光滑、无裂缝，宜慢慢干燥，故要用湿麻袋等物覆盖，保持湿润，不断喷水，保持 5 ~ 6 天后即完成。由于新的混凝土中含有大量的碱，可在池中放满水，再加些高锰酸钾或醋酸中和，经过 7 ~ 10 天后放空。

混凝土池水景园

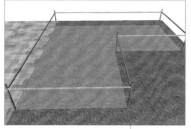

（a）放线定位

根据设计要求，在地面放线定位，在地面标记位置并插上标杆。

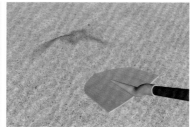

（b）开挖基坑

在地面开挖基坑，深 500 mm 左右，整理好周边轮廓造型。

（c）基坑夯实

采用打夯机夯实基坑底部，形成稳固的基础。

（d）铺设碎石与砂

在基坑底部铺设粒径 30 mm 的碎石，厚 50 mm，继续铺设湿砂，厚 20 mm 左右，要能找平碎石层，让表面铺设更平滑。

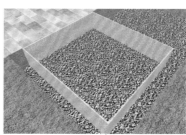

（e）制作池底围合板材

采用厚 20 mm 胶合板在池底制作围合模板。

（f）铺设钢筋网架

在模板中编制钢筋网架，钢筋规格为 $\phi$12 mm，网架间距 150 mm 左右。

（g）浇筑混凝土

在模板中浇筑 C20 混凝土，浇筑成型厚度为 200 mm。

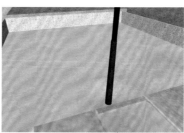

（h）混凝土振捣

采用振捣棒在混凝土中振捣，捣出气泡，形成密实的钢筋混凝土基础。

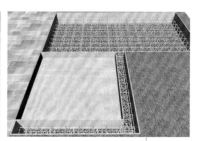

（i）制作池壁围合板材

在开挖基坑的内壁上继续制作围合模板，并编制钢筋网架。

（j）浇筑池底混凝土

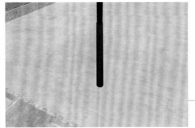

（k）混凝土振捣

继续采用振捣棒在混凝土中振捣，捣出气泡，形成密实的钢筋混凝土基础。

继续浇筑 C20 混凝土。

根据设计要求，在局部钢筋混凝土基础完成后，继续在高处制作围合模板，并涂刷脱模剂。

在新围合的模板内浇筑 C20 混凝土，完成水景园高处建造。

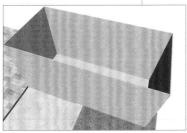

（l）制作池壁围合板材

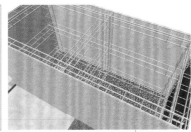

（m）铺设钢筋网架

（n）浇筑池壁混凝土

在模板中编制钢筋网架，钢筋规格为 $\phi$ 12 mm，网架间距 150 mm 左右。将新编制的钢筋网架与基础中的钢筋焊接，让上下层钢筋网架形成整体构造。

（o）混凝土振捣

（p）拆除围合模板

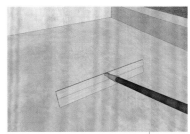

（q）混凝土表面找平并收光

继续采用振捣棒在混凝土中振捣，捣出气泡，形成密实的钢筋混凝土基础。

拆除外部围合模板，获得方正挺直的构造形体。

采用 1：1 水泥砂浆在混凝土表面上找平并收光。

（r）钻孔安装水管

采用切割机在混凝土构造壁面上钻孔，并安装 $\phi$ 32 mm PP-R 管。

（s）切割出水口

采用切割机在墙面裁切横向凹槽造型。

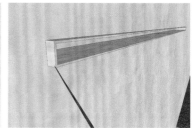

（t）安装不锈钢出水口

在凹槽中镶嵌成品或预制加工的不锈钢出水口。

（u）池壁切割凹槽造型

沿着出水口安装部位，横向切割给水管安装凹槽，并与纵向给水管凹槽对接。

（v）池壁钻孔造型

在混凝土壁面放线定位，用电钻搭配 $\phi$ 30 mm 的钻头，在壁面上钻出装饰孔。

（w）涂刷防水涂料

给混凝土构造表面涂刷渗透型防水剂。

在池底安装潜水泵，并连接给水管。

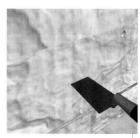

（x）铺设饰面砖石

混凝土池水景园施工

采用瓷砖胶在混凝土构造的背面、池底、围檐等部位铺贴装饰砖石。

（y）安装潜水泵

（z）注水并接通电源

给池内注水并接通电源，形成动态水景效果。

# 5

# 水景构造设施

**景观桥**

▲ 在水池中部较窄处建造拱桥，不仅方便行
人在庭院中通行，还提升了水景的观赏价值。

 **本章导读**

　　水景池塘的构筑物主要是景观桥与木栈道，两者都需要围绕水景池塘来展开设计
施工。同时还涉及给水排水系统、净化系统、灌溉系统的管网设计。

# 5.1　景观桥

桥在自然水景和人工水景中都起到不可缺少的景观作用。其功能作用主要有：形成交通跨越点，横向分割水景和水面空间，形成地区标志物和视线集合点，可作眺望河流和水面的良好观景场所。可见，景观桥独特的造型具有自身的艺术价值。

## 5.1.1　景观桥设计

景观桥造型多样，主要分为钢制桥、混凝土桥、拱桥、原木桥、锯材木桥、仿木桥、吊桥等。居住区一般以木桥、仿木桥和石拱桥为主，体量不宜过大，应追求自然简洁、精工细做。

景观桥通常位于水面较窄之处，以防腐木构造居多。在平面布置上，有平桥与拱桥等形式，结合现代风格庭院，具有轻复古气息，同时要考虑桥身与水面的关系，其高低视池面大小而定。如果池水开阔则选择空透的桥身，可与水面空间互相贯通，达到似分非分的效果，还能增加层次、产生倒影。小水池则可使桥面贴水而过，有凌波微步的感受。

曲折景观桥

直形景观桥通达便捷，长度在 3600 mm 以内，桥面宽度在 1200 mm 以内。桥底可不设置立柱支撑，但是要制作桥梁，用于支撑桥面铺设的板材。

直形景观桥

曲折景观桥具有浓厚的古典人文色彩，行走一段就要转弯，视线角度随桥体而转变，桥上挂满红灯笼，形成视线遮挡，为末端的豁然开朗打下伏笔。

（a）桥体全貌

无梁景观桥

（b）搁置局部

桥体两端直接搁置在地面上，底部用混凝土找平，并用水泥砂浆砌筑坡道，让地面铺设的砾石与桥面保持稳定。

跨度较小的景观桥可直接铺设防腐木，防腐木厚度不小于 50 mm，跨度不大于 1200 mm。

有横梁支撑，因此桥面铺设板材的平整度较高，桥面与两岸路面铺设的高度保持平齐。

（a）桥体全貌

（b）桥面

若桥体宽度超过 1200 mm，跨度超过 3600 mm，应在桥体两端浇筑混凝土墩体来支撑景观桥。

桥面螺钉安装间距为 400 ~ 500 mm，安装部位的下方均有横梁支撑，螺钉固定后加盖钉帽，保持桥面铺设平整。

（c）护坡

有梁景观桥

（d）桥墩

（e）板材局部

为了稳固桥墩，在桥墩两侧岸边堆砌山石，防止水流冲刷两岸护坡。

桥墩混凝土与山石可融为一体，也可将直角的桥墩造型转变为圆角造型，既美观又能防止水流冲刷。

（a）桥体全貌
混凝土景观桥

（b）桥面

混凝土景观桥中的钢筋与两岸路面的基础钢筋绑扎并融为一体，浇筑后的桥面厚度为 150 mm 左右，铺设饰面砖石后的厚度达 200 mm。

桥下水道基础铺设卵石，稳固水道与护坡，将混凝土铺设的路面与景观桥形成围合保护。

# 5.1.2 防腐木景观桥施工

下面介绍一种防腐木景观桥的施工方法。

防腐木景观桥采用弧形构造，弧度较小，但是跨度较大，因此能提升抗压能力。此类型景观桥对桥梁两端基础构筑物的强度要求不高，适合不同规模的庭院建造。

桥面为弧形坡度，则要求底部横梁也加工为弧形，满足桥面快速安装的需求。

（a）桥体全貌
防腐木景观桥

（b）桥面

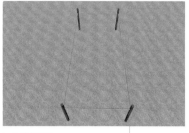

（a）放线定位

根据设计要求，在地面放线定位，在地面标记位置并插上标杆。

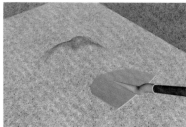

（b）开挖基坑

在地面开挖基坑，深 400 mm 左右，长与宽的尺寸根据桥体跨度设定，但基坑整体的长宽尺寸要比桥体实际尺寸大 500 mm 左右。

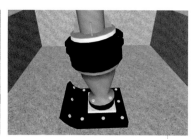

（c）基坑夯实

采用打夯机夯实基坑底部，形成稳固的基础。

（d）铺设碎石

在基坑底部铺设粒径 30 mm 的碎石，厚 50 mm，然后继续铺设湿砂，厚 20 mm 左右，将碎石层找平，让表面铺设更加平整。

（e）制作围合板材

采用厚 20 mm 胶合板在基坑的内壁上制作围合模板。

（f）铺设钢筋网架

在模板中编制钢筋网架，钢筋规格为 $\phi$ 12 mm，网架间距 150 mm 左右。

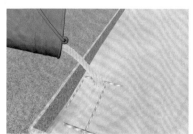

（g）浇筑混凝土

在模板中浇筑 C20 混凝土，浇筑成型厚度为 200 mm。

（h）混凝土振捣

采用振捣棒在混凝土中振捣，捣出气泡，形成密实的钢筋混凝土基础。

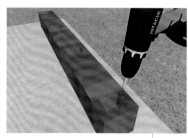

（i）铺设基础防腐木方

采用边长 100 mm 的防腐木方在混凝土构造上固定，形成桥体基础，并用膨胀螺栓和螺钉综合固定。

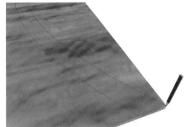

（j）防腐木弧形放线

采用厚100 mm的防腐木板，在板料上精准绘制弧线。

（k）防腐木弧形切割

沿着弧线在板料上进行切割下料。

（l）刨切打磨

采用打磨机对板料边缘刨切打磨，形成规整的局部造型。

（m）主梁安装至基础上

将下料加工成型的弧形构件安装至防腐木基础构造上。

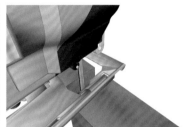

（n）切割护栏立柱

采用切割机对边长100 mm的防腐木方进行裁切，形成桥体上的立柱。

（o）刨切打磨立柱

继续采用打磨机对木料边缘刨切打磨，形成规整的局部造型。

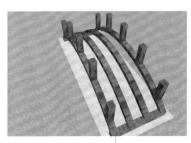

（p）立柱安装在主梁上

采用螺钉将护栏立柱安装固定在弧形桥体上。

（q）切割桥面板材

采用厚30 mm防腐木板材作为桥面，根据设计尺寸采用切割机切割成型。

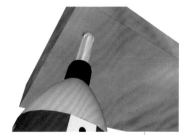

（r）桥面板材底部钻孔

对桥面板材底部钻孔，孔洞直径20 mm，深20 mm。

（s）填塞木栓

（t）主梁上钻孔加工

（u）桥面板材固定至主梁上

在孔中填入 $\phi$ 20 mm、长 40 mm 的圆木栓。

根据定位尺寸，在主梁上继续钻孔，孔洞直径 20 mm，深 20 mm。

将桥面板材对接固定至弧形梁上。

（v）弧形切割护栏

（w）护栏立柱上钻孔

（x）填塞木栓

采用厚 70 mm 的防腐木板，在板料上精准绘制弧线，沿着弧线在板料上进行切割下料，并刨切打磨，形成规整的局部造型。

在护栏立柱上钻孔并将孔修饰成边长 70 mm 的方形孔。

在护栏立柱侧面钻 $\phi$ 20 mm 的孔，其深度要贯穿侧壁，钉上 $\phi$ 20 mm、长 50 mm 的圆木栓，采用锤子敲击填塞。

根据测量尺寸，在护栏侧面钻孔，孔直径 $\phi$ 20 mm，深 40 mm。将护栏插入立柱后，对正侧壁孔上的位置，将预先填塞的圆木栓敲击固定。

（y）安装护栏

防腐木景观桥施工

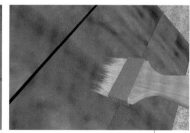

（z）涂刷木蜡油

在整个桥体表面涂刷木蜡油 3 遍。

# 5.1.3 混凝土汀步桥施工

下面介绍一种混凝土汀步桥的施工方法。

（a）桥面全貌

桥面保持绝对平整，在汀步桥上行走应犹如平地一般。

踏面拼缝保持间距一致，形成严谨的秩序美。

（b）踏面局部

（c）桥体全貌
混凝土汀部桥

（d）汀步细节

桥体布局成直线，基础稳重，排布整齐，穿越整个池体。

汀步的墩体之间保持有序间隙，注水后能让水流均匀流淌。

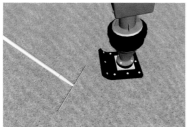

（a）选择空地整理平地

选择一块非施工区域的空地，面积为 10 ~ 15 m²，将地面整理平整，并采用打夯机将基坑底部夯实。

（b）铺设水泥砂浆

在空地表面铺设 1：3 水泥砂浆，厚 20 ~ 30 mm，将表面收光整平，涂刷固化剂 2 遍。

（c）裁切胶合板

采用切割机裁切厚 30 mm 胶合板。

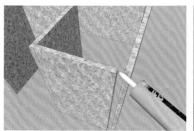

（d）钉接胶合板模板

采用免钉胶和螺钉将胶合板组装成汀步墩体造型，形体构造与尺寸根据设计要求制定。

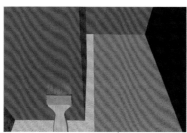

（e）涂刷脱模剂

在胶合板内壁表面与地面涂刷脱模剂 2 遍。

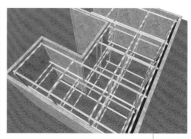

（f）模板内编制钢筋网架

在模板中编制钢筋网架，钢筋规格为 $\phi$ 8 mm，网架间距 150 ~ 300 mm。

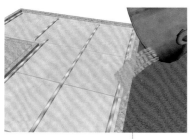

（g）浇筑混凝土

模板内浇筑 C20 混凝土。

（h）混凝土振捣

采用振捣棒在混凝土中振捣，捣出气泡，形成密实的钢筋混凝土墩体构造。

（i）湿水养护

拆除模板，湿水养护 28 天。

（j）表面找平

采用1：2水泥砂浆将混凝土墩体表面抹灰找平，形成光洁完整的表面。

（k）相同方法制作踏板

采取同样方法制作汀步踏板构造。

（l）踏板表面打磨粗糙

采用打磨机将踏板表面打磨粗糙，使其具有防滑能力。

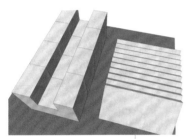

（m）构件配齐并归类摆放

将汀步墩体与踏板加工制作完成后，摆放归类整齐，清点数量。

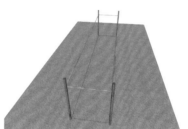

（n）放线定位

根据设计要求，在河道地面放线定位，在地面标记位置并插上标杆。

（o）开挖基坑

在地面开挖基坑，深300 mm左右，长与宽的尺寸根据汀步造型设定，但基坑整体的长宽尺寸要比汀步实际尺寸大400 mm左右。

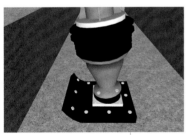

（p）基坑夯实

采用打夯机将基坑地面夯实。

（q）铺设碎石

在基坑底部铺设粒径30 mm的碎石，厚50 mm，继续铺设湿砂，厚20 mm左右，并将碎石层找平，让表面铺设更平整。

（r）浇筑混凝土

在基坑中浇筑C20混凝土，浇筑厚度为200 mm。

（s）摆放汀步基础件

将预制成型的汀步墩体构造摆放至基坑内混凝土层上部。

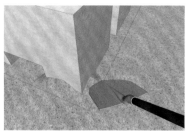

（t）调整并检测高度

采用水平尺反复校对墩体之间的间距与平整度。

（u）回填土层

在混凝土地面的基础上回填土层，回填高度与周边地面平齐。

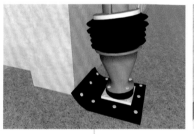

（v）夯实地面

采用打夯机将墩体周边地面夯实。

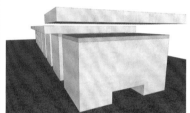

（w）墩体上表面涂抹水泥砂浆

采用水泥砂浆涂抹至墩体上表面，厚10 ~ 20 mm。

（x）铺设踏板

将预制踏板铺设至墩体表面。

继续采用水平尺反复校对踏板之间的间距与平整度。

（y）再次调整并检测高度

混凝土汀步桥施工

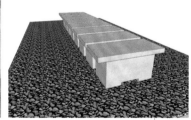

（z）铺设卵石

在河道周边铺设形体不一的卵石，最终完成施工。

## 5.2 给水排水

给水排水设施是庭院水景工程的重要组成部分，大多数中小型庭院水景工程不需考虑给水排水设施。给水可以用软质PVC管从建筑室内或室外的给水管引流至水池中。同样，排水可以用软质PVC管与水泵配合，将水池中的水抽出至庭院内外的雨水井道中。但是面积较大的游泳池、景观池、喷泉池等需要循环用水，因此在池体内部需要安装硬质给水排水管道。

喷泉水池

喷泉水池的池面面积较小，蓄水量多为 3 ~ 4 m³，可不考虑设置给水排水管道，只需要在水池内安装潜水泵，排水通过潜水泵抽取至雨水井道中。

小型游泳池

面积较小的游泳池，蓄水量为 15 ~ 20 m³，应当设计给水排水管道，尤其是溢水口要与排水管相连通，避免水位过高而漫出至庭院地面。

景观池

景观池多为浅水池，蓄水量为 1 ~ 2 m³，可以设计给水管，而不设计排水管。排水可依靠水泵，抽取水至庭院外的集中排水管，这样能避免水源渗漏造成浪费。

# 5.2.1　给水排水设计

　　庭院给水排水的用水点位较分散，高度变化较大，通常采用树枝式管网和环状管网布置。管网干管应尽可能靠近供水点和水量调节处设施，干管应避开道路（包括人行路）铺设，一般不超出绿化用地范围。

　　庭院水景工程的给水排水要充分利用地形，采取拦、阻、蓄、分、导等方式进行有效排水，并考虑土壤对水分的吸收，注重保水保湿，利于植物的生长。与天然河渠相通的排水口，必须高于最高水位控制线，防止出现倒灌现象。给水管应选用PPR管，排水管宜用PVC管。水泵多选用离心式水泵，采用潜水泵时必须严防绝缘破坏导致水体带电。

## ✔ 小贴士

### 水景工程常用术语

　　1. 蓄水系统。所有水景都有蓄水系统，除了有些喷泉使用的是隐蔽蓄水池，蓄水系统通常与水池或池塘系统合为一体。

　　2. 水泵。可以放在蓄水池中，或是水景附近。潜水系统通常限制在 10 m² 范围的安装区，它对日常的排水、清洁、现场过滤、再注入起重要作用，大型的更复杂的庭院水景通常要使用遥控系统。

　　3. 流速。在国际单位中以升每秒（L/s）表示，所有水景元素要求的流速应当加在一起来决定水泵的选择。

　　4. 压力。水压在国际单位中以兆帕（MPa）表示，由管道装置引起的摩擦力应当考虑在内，损失为 10%。常规自来水水压为 0.4 ~ 0.6 MPa。

　　5. 过滤系统。喷泉过滤通常使用高速砂过滤器，其大小根据水池面积确定。面积为 0.4 m³ 的过滤器可用于面积为 100 m³ 的蓄水池。

　　6. 管道。在布置小水量系统时应当注意，输水系统的水平长度不应超过 60 m，流速不应超过 750 L/h，应当使用直径 15 mm 的 PVC 管或 UPVC 管。

# 5.2.2 给水排水施工

下面介绍一种山石景观池给水排水系统的施工方法。

（a）山石水景全貌

山石堆砌后，内部能安装灯光，但是无法满足潜水泵安装需求。

山石景观与水相互交融，形成自然山水的微缩景观。水体深度较浅，不适合安装潜水泵，可在隔墙室内安装水箱与潜水泵，通过穿墙管道来解决给水排水问题。

（b）主景

（c）山石坐落

山石坐落区域较平整，山石底部削切平整后，采用水泥砂浆安装固定。

灯具与微缩模型能提升山石水景的档次,在山石高处可设计水流自然落下,将软质PVC管道暗藏在山石背后。

池底铺设碎石,透过水体能看到池体较丰富的层次。

(d)微缩模型

山石景观池

(e)铺设池底卵石

根据设计要求,在地面放线定位,在地面标记位置并插上标杆。

采用打夯机将基坑地面夯实。

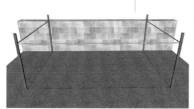
(a)放线定位

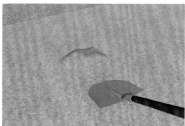
(b)基坑底部开挖

(c)基坑夯实

在地面开挖基坑,深200 mm左右,长与宽的尺寸根据设计造型设定。

采用电钻,在水池临近的建筑外墙上钻孔。上部大孔直径40 mm,用于连通 $\phi$ 32 mm PP-R 给水管;上部小孔直径20 mm,用于连通 $\phi$ 18 mm PVC 穿线管;下部大孔直径60 mm,用于连通 $\phi$ 50 mm PVC 排水管。

(d)墙面钻孔

(e)引出给水排水管与电线

将上述三种管道穿过墙体,并在 $\phi$ 18 mm PVC 穿线管中布置电线。

143

（f）室内安装阀门

在建筑外墙的室内对应位置处，给管道安装阀门，采用堵漏王固态防水材料做好管口防水。

（g）地面铺设碎石

在水池基坑底部铺设粒径30 mm的碎石，厚50 mm；继续铺设湿砂，厚20 mm左右，使其将碎石层找平，让表面铺设更平整。

（h）地面铺设水泥砂浆

在基坑中浇筑C20混凝土，浇筑成型厚度为100 mm。

（i）砌筑水池围合体

采用1：2水泥砂浆与轻质砖，砌筑水池围合体。

（j）铺设防水卷材

在池体内部界面铺设SBS自粘防水卷材。

（k）安装潜水泵

在池体边角部位安装潜水泵，并连通管线，潜水泵的出水管应向高处延伸，为下一步安装山石做准备。

（l）安装灯具

山石景观池给水排水施工

在山石间隙处，安装水下照明灯具。

（m）铺设水池围合体饰面石材

采用石材黏结剂，在水池围合体表面铺设饰面石材。

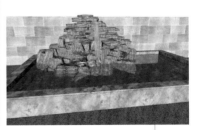

（n）注水完成

给水池注水通电，形成水景效果。

144

# 5.3 水体净化

庭院水景工程中的水质要保持洁净，符合用水需求。面积较大的鱼池与水生植物景观池可 6 个月至 8 个月净化一次，游泳池需 10 天至 15 天净化一次。

景观鱼池的净化主要依靠池中的水生植物，大多数水生植物在光合作用下，对水体有净化功能，还可以通过更换整池水体实现净化。

景观鱼池

游泳池的净化短期内主要依靠消毒水，但是超过 15 天就需要过滤净化。

游泳池

# 5.3.1　水体净化设计

　　庭院水景的水质要求主要是确保景观性和功能性，景观性包括水的透明度、色度和浊度等，功能性包括养鱼、戏水等。水体净化的处理方法通常有物理法、化学法、生物法三种。

**庭院水景水质净化方法**

| 净化方法 | | 工艺原理 | 适用水体 |
|---|---|---|---|
| 物理法 | 定期换水 | 稀释水体中有害污染物的浓度，防止水体变质和富营养化 | 适用于各种不同类型的水体 |
| | 曝气法 | 向水体中补充氧气，保证水生生物生命活动及微生物氧化分解有机物所需氧量，同时搅动水体促进水循环 | 适用于各种不同类型的水体 |
| 化学法 | 格栅—过滤—加药 | 先通过机械过滤去除颗粒杂质，降低浊度，再采用直接向水中投放化学药剂的方式，杀死藻类，以防水体富营养化 | 适用于水面面积小和水量较小的水体 |
| | 格栅—气浮—过滤 | 通过气浮工艺去除藻类和其他污染物质，兼有向水中充氧曝气作用 | 适用于水面面积较大和水量较大的水体 |
| | 格栅—生物处理—气浮—过滤 | 在格栅—气浮—过滤工艺中增加了生物处理工艺，技术先进，处理效率高 | |
| 生物法 | 种植水生植物 | 以生态学原理为指导，将生态系统结构与功能应用于水质净化，充分利用自然净化与生物间相生相克的作用及食物链关系改善水质 | 适用于观赏用水等多种水体 |
| | 养殖水生鱼类 | | |

# 5.3.2　水体净化施工

　　下面介绍一种游泳池水体净化的施工方法。

　　大中型庭院游泳池除了安装给水排水管道，还需要安装净化设备。净化设备多安装在游泳池旁10 m以内，与给水排水管道不相关联，单纯为游泳池水质净化服务。

游泳池

游泳池给水管为深色 $\phi$ 63 mm PP-R 管，排水管为白色 $\phi$ 110 mm PVC 管。

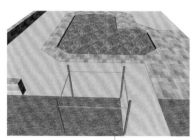

（a）游泳池净化池位置选定

（b）给水排水管选用

（c）净化基坑放线定位

在已经完工的游泳池旁选定空地，作为净化池施工区域。

根据设计要求，在地面放线定位，在地面标记位置并插上标杆。

在地面开挖基坑，深800 mm 左右，长与宽可均为 800 ~ 1200 mm，也可以根据功能需求来设定。

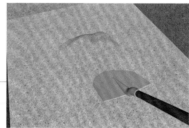

（d）地面开挖

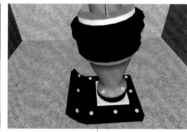

（e）基坑夯实

采用打夯机将基坑地面夯实。

在基坑底部铺设粒径30 mm 的碎石，厚 50 mm；继续铺设湿砂，厚 20 mm 左右，使其将碎石层找平，让表面铺设更平整；再浇筑 C20混凝土，浇筑成型后的厚度为100 mm。

（f）铺设碎石与混凝土

（g）轻质砖砌筑池壁

采用 1：2 水泥砂浆与轻质砖，砌筑基坑围合体。

（h）铺设防水卷材

在池体内部底面铺设SBS自
粘防水卷材。

（i）安装给水排水管

在基坑内壁朝向游泳池方向
钻孔，并安装给水排水管。

（j）安装阀门

为给水排水管安装
阀门，控制给水与排水。

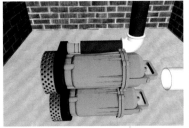

（k）安装水泵
游泳池水体净化施工

将排水管连通至水泵，让水
泵给水排水管提供动力，让池水循
环净化。

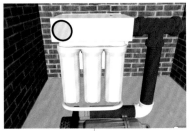

（l）安装净化器

在水泵下游安装净
化器，净化器下游连通至
游泳池。

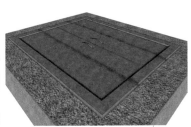

（m）铺设盖板完成

全部安装完毕后，给净化坑
安装上表面盖板。

## 5.4　灌溉系统

庭院中的水景除了观赏，还可用于灌溉，将水景中的水排至排水管道会造成水资源浪费，可以考虑灌溉菜地或绿植种植区。

## 5.4.1　灌溉系统设计

草坪灌溉系统通常使用压力喷头，喷头每小时能够喷出的水量在喷头上有标注。为避免浪费水，采用的速率不应超过渗透速率，且应当利用当地土壤水分蒸发蒸腾损失的总量计算所需速率。

如果庭院草坪面积较大，则可以设计制作草坪灌溉管网，水源可从池塘中加压抽水进行灌溉。常规的潜水泵不具备这样的水压，需要使用离心加压泵。

庭院草坪灌溉

庭院菜园灌溉多用手持软质 PVC 水管，根据菜园栽植需求来确定灌溉的用水量与灌溉分布，可用自来水压力灌溉。

庭院菜园灌溉

#  喷灌与滴灌系统结合

　　这类灌溉系统通常用在庭院步行道、停车位周围，适用于对水分需求量较大的庭院绿化植物，包括草坪、地被植物，一年生和多年生花卉，灌木及树木。灌溉系统的设计取决于区域的湿度、植物真菌的易感染性和人们的使用形式。

# ❷ 多级灌溉系统

多级灌溉系统适用于热带气候地区或水资源紧张地区，将上级景观池和游泳池中的水，向下级景观池中输送。例如，游泳池中的水使用达到一定周期后，可将水排放至下级景观池，对景观池中的水生植物起到灌溉作用。如果上下级均为景观池，则上级可设计为倒影池，下级可设计为水生植物观赏池。

此处矩形游泳池的地势较高，池水能用来给旁边地势较低的景观池作灌溉之用。

多级灌溉

## ✔ 小贴士

## 灌溉操作方法

1. 灌溉时间：根据草坪和天气状况，应选择一天中最适宜的时间浇水。早上浇水，蒸发量最小，而中午浇水，蒸发量大。黄昏或晚上浇水，草坪则整夜都会处于潮湿状态，叶和茎的湿润时间过长，病菌容易侵染草坪草，引起病害，并会以较快的速度蔓延。

2. 浇水量：炎热夏天，长期少量灌水，土壤湿润对杂草有利而对草坪草不利。通常浇水应使土壤湿润至 150 mm 深。除干旱类型或水分损失太大的土壤外，一般 1 周浇 2 次。当降雨提供了足够的水分时，则应停止浇水，直到根系重新干燥时再开始浇水。

3. 特殊地形浇水：在有坡度的草坪上浇水时，为使草坪吸收到充足水分，浇水的速度应缓慢。坡顶的灌水量要加大，使水渗透到根系，以满足草坪生长发育的需要。因此，与平地草坪相比，在坡面浇水需较长的时间。

# 5.4.2  灌溉系统施工

下面介绍一种庭院灌溉系统的施工方法。

庭院景观池灌溉

将景观池中的水通过水泵输出到绿化栽植区，对水资源进行多次运用。景观池应略高于栽植区，能获得足够的水压。

（a）制作景观池

采用 1 : 2 水泥砂浆与轻质砖砌筑景观池，形成水池围合体。

（b）池内安装上游给水管

在景观池上部，面向建筑方向钻孔，孔直径 40 mm，安装 32 mm PP-R 管作为给水管。

（c）安装上游阀门

在景观池外部给 PP-R 管安装水阀门，控制给水开关。

在景观池下部安装 φ25 mm PP-R 管作为灌溉给水管。

（d）池壁钻孔

（e）池内安装下游给水管

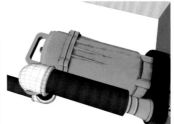

（f）安装潜水泵

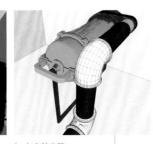

（g）安装电路

在景观池下部，面向草坪处的壁面钻孔，孔直径 30 mm。

在景观池内安装潜水泵，并连通灌溉用 φ25 mm PP-R 管，作为潜水泵压力出水管。

给潜水泵安装布线，提供电源，电源线延伸至景观池外部。

（h）连接外部开关

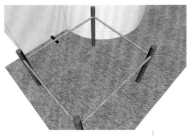

（i）放线定位水管走向

（j）刨开土层与植被

在景观池外部能遮蔽风雨的部位安装电路开关，控制潜水泵开关。

在草坪灌溉渠放线定位，用于确定灌溉水管的走向。

用锄头刨开地面土层和植被，布置管道坑槽。

（k）布置水管
庭院景观池灌溉系统施工

（l）安装垂直喷头

（m）接通喷灌

在坑槽内布置安装 φ25 mm PP-R 给水管，将其连通至景观池下部。

在给水管末端垂直高度安装灌溉喷头。

对草坪植被区进行覆盖修饰，给景观池注水，接通电源开关，即可对草坪植被区进行喷灌。

# 庭院水景案例

为了让大家更直观地了解庭院水景设计的细节，给大家展示两个庭院水景的设计案例。

# 5.5.1　商业茶楼庭院水景设计案例

下面介绍一处商业茶楼庭院的水景设计案例，供读者参考。

（a）鱼池景墙

装饰景墙采用瓦片砌筑，搭配混凝土壁雕，形成中式传统风格。

（b）庭院主景

（c）鱼池壁泉

庭院入口处设计小型鱼池与景墙，采用钢化玻璃围栏围护，保持鱼池清洁并保护游人的安全。

鱼池中的水经过循环从墙面的出水口流入池中，给鱼提供氧气。

153

花岗岩石板路与水池之间铺设草坪，园路与水池之间保持间隙，防止因踩踏影响水池护坡的牢固。

在水池周边摆放较大的山石，可实现良好的挡土效果，也能防止水池驳岸的土层滑坡。

（d）园路与水池

（e）山石驳岸

（f）环绕水池

（g）茶室之间水景

环绕在建筑周边的水池宽度在 900～1000 mm，可保护建筑室内活动的隐私。

两间茶室之间间隔 1200 mm，水中放置山石，形成若即若离的视觉效果，茶室外部的镀膜钢化玻璃很好地保证了隐私效果。

（h）喷泉造型

在较宽的水池中设计喷泉，给平静的水面增添动态效果。

进入中岛的茶室需经过悬跨在环绕水池上方的混凝土浇筑的步道。

较宽的水池上部设计防腐木拱桥，略带弧度的造型，引导行人在拱桥上穿行。

水池中央摆放石磨小品，强化现代中式风格。

（i）悬跨步道

（j）防腐木拱桥

（k）石磨小品

水面造型设计为多向曲折，转角处摆放较大的山石形成视线遮挡，呈现出曲折幽深的视觉效果。

(l) 转折造型

水池与山石交融，山石既可放置在岸上，又可放置于水中，人踩踏在山石上能获得与水景互动的体验。

(m) 山石嵌入

茶楼庭院水景

# 5.5.2 别墅庭院水景设计案例

下面再介绍一个别墅庭院水景案例，供读者参考。

面积较宽松的庭院可以通过水景来延长步行道路，有选择地规划行走道路能提升庭院空间的趣味性。水景既是制约通行的屏障，同时又是引导通行的媒介。

庭院中央布置叠水池，穿插分布至庭院中50%的面积，形成丰富的水域景点，环绕水池布置休闲区、娱乐区、茶室、汀步、花台等多种设施。

庭院垂直鸟瞰图

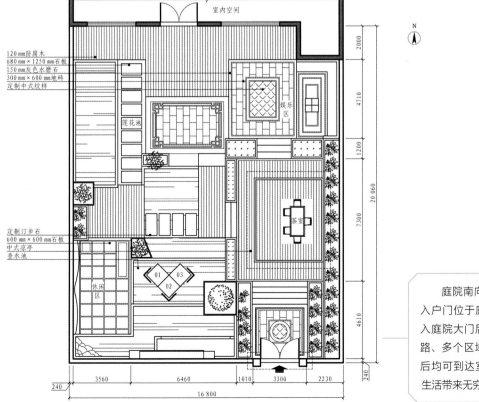

庭院南向开门，室内入户门位于庭院北侧。进入庭院大门后途经多种道路、多个区域，跨越水景后均可到达室内，给庭院生活带来无穷乐趣。

平面布置图

西南视角鸟瞰图

水景池面积较大，呈多级叠
加造型，让水能从高处缓缓流向低
处，形成高低落差循环。

东北视角鸟瞰图

木质凉亭与周边地面铺设丰富，将
防腐木与花岗岩石材相互搭配，并设计台
阶过渡，在庭院中形成循环便捷的道路。

水池山石

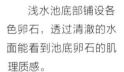

浅水池底部铺设各
色卵石，透过清澈的水
面能看到池底卵石的肌
理质感。

汀步

汀步是庭院大面积
水景必备构造，汀步造
型之间间距为 100 mm
左右，既有断开的造型
效果，又方便行人行走。

茶室凉亭中景

茶室凉亭外围侧向立面设计防腐木花台，与正向立面有所区分，用于引导并区分通行路径。

茶室凉亭近景

茶室凉亭顶面为封闭构造，具有挡雨功能，四面通风，地面铺设防腐木板，营造出中式建筑格调。

水池低处

水池低处占据面积较大，以观赏平整的水面为主，搭配少量山石形成局部质感对比。

山石景墙

沿着白墙摆放灰色薄山石，减少占地面积，同时形成层级丰富的山石造型。

栽植水池

水池高处设计为荷花观赏池，池壁高度应达到 800 mm，可搭配栽植多种水生植物。

水池山石角落

庭院角落设计堆积状的山石瀑布，与休闲区桌面融为一体，给庭院增添了生活情趣。

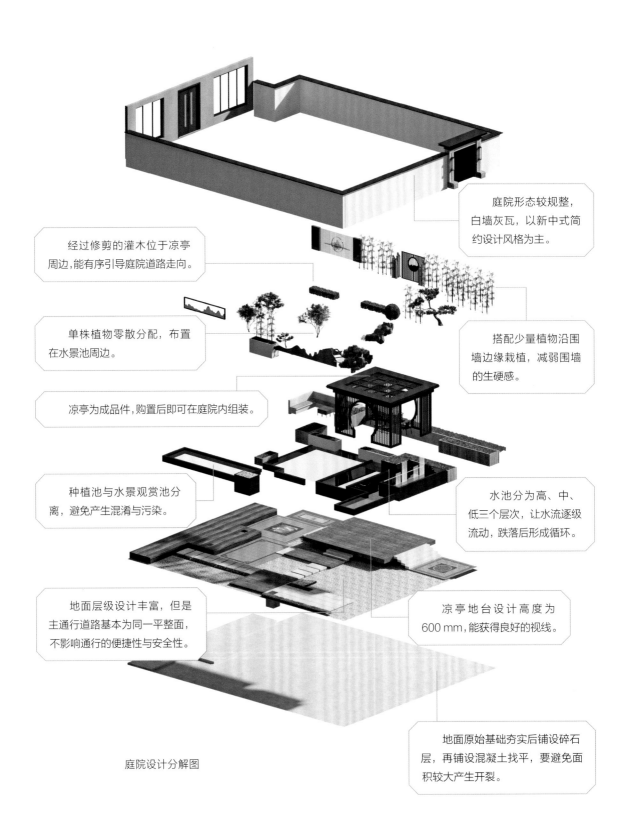

庭院形态较规整，白墙灰瓦，以新中式简约设计风格为主。

经过修剪的灌木位于凉亭周边，能有序引导庭院道路走向。

单株植物零散分配，布置在水景池周边。

搭配少量植物沿围墙边缘栽植，减弱围墙的生硬感。

凉亭为成品件，购置后即可在庭院内组装。

种植池与水景观赏池分离，避免产生混淆与污染。

水池分为高、中、低三个层次，让水流逐级流动，跌落后形成循环。

地面层级设计丰富，但是主通行道路基本为同一平整面，不影响通行的便捷性与安全性。

凉亭地台设计高度为600 mm，能获得良好的视线。

庭院设计分解图

地面原始基础夯实后铺设碎石层，再铺设混凝土找平，要避免面积较大产生开裂。